高等职业院校土木工程"十三五"规划教材

平法钢筋识图与算量（16G）

主　编　程　花　　甘晓林
副主编　蔡汶青　　柴　娟　　李富宇

西南交通大学出版社
·成　都·

图书在版编目（CIP）数据

平法钢筋识图与算量：16G / 程花，甘晓林主编.
一成都：西南交通大学出版社，2018.3（2022.7 重印）
技能型人才培养实用教材　高等职业院校土木工程
"十三五"规划教材
ISBN 978-7-5643-6030-6

Ⅰ.①平…　Ⅱ.①程…　②甘…　Ⅲ.①钢筋混凝土结
构－建筑构图－识图－高等职业教育－教材②钢筋混凝土
结构－结构计算－高等职业教育－教材　Ⅳ.①TU375

中国版本图书馆 CIP 数据核字（2018）第 019497 号

技能型人才培养实用教材
高等职业院校土木工程"十三五"规划教材

平法钢筋识图与算量（16G）

主编　程　花　甘晓林

责 任 编 辑	杨　勇
封 面 设 计	何东琳设计工作室
出 版 发 行	西南交通大学出版社
	（四川省成都市金牛区二环路北一段 111 号
	西南交通大学创新大厦 21 楼）
发行部电话	028-87600564　028-87600533
邮 政 编 码	610031
网　　　址	http://www.xnjdcbs.com
印　　　刷	成都中永印务有限责任公司
成 品 尺 寸	185 mm × 260 mm
印　　　张	12
字　　　数	300 千
版　　　次	2018 年 3 月第 1 版
印　　　次	2022 年 7 月第 4 次
书　　　号	ISBN 978-7-5643-6030-6
定　　　价	36.00 元

前　言

平法是陈青来教授创始的"建筑结构施工图平面整体设计"的简称。1996年在全国得到全面推广与应用。其后，不断完善而出现多种版本。本书结合最新《16G101—1 混凝土结构施工图》平面整体表示方法制图规则和构造详图（现浇混凝土框架、剪力墙、梁、板）、《16G101—2 混凝土结构施工图》平面整体表示方法制图规则和构造详图（现浇混凝土板式楼梯）、《16G101—3 混凝土结构施工图》平面整体表示方法制图规则和构造详图（独立基础、条形基础、筏形基础、桩基础）等国家建筑标准设计图集，介绍了平法施工图的识图方法及根据平法施工图计算钢筋工程量的方法。

在充分考虑高技能应用型人才培养需求的基础上，本书以工作过程为导向，系统设计课程内容，融"教、学、做"为一体，体现了高职教育"工学结合"的特点。

本书的主要内容包括：任务一——平法钢筋算量基础知识、任务二——柱平法识图与钢筋算量、任务三——梁平法识图与钢筋算量、任务四——现浇板平法识图与钢筋算量、任务五——楼梯平法识图与钢筋算量、任务六——基础平法识图与钢筋算量、任务七——剪力墙平法识图与钢筋算量。从任务二到任务七，每章均以小案例入手，给出需要解决的问题，通过各章内容的讲解，使学生逐步掌握解决问题的方法，进而学会识读平法图纸，掌握框架结构及剪力墙结构钢筋工程量的计算方法。此外，本书每章均有课堂实训案例，通过学生自主完成课堂实训环节，加强理解，掌握技能，解决了学生理论学习与工程实际脱节的现状，使学生在第一时间满足相关工作岗位的需要。

　　本书由重庆能源职业学院程花、甘晓林任主编，四川城市职业学院蔡汶青，重庆能源职业学院柴娟、李富宇任副主编，分工如下：程花负责任务一——任务三，甘晓林负责任务四、任务五、任务七，蔡汶青负责任务六，柴娟、李富宇一起负责全书的图纸及建模。本书在编写过程中，不仅搜集了大量参考资料，参阅了许多专家和学者的论著，而且带领重庆能源职业学院工程造价专业教师团队开设了"钢筋平法识图与算量"精品课程。

　　由于编者水平有限，不足之处在所难免，恳请广大读者予以指正！

编　者

2017 年 10 月

目　录

任务一　平法钢筋算量基础知识

1.1　钢筋的类型

根据《混凝土结构设计规范》[GB50010—2010（2015 修订版）]的规定，我国混凝土结构钢筋应按以下规定选用：

（1）纵向受力普通钢筋可采用 HRB400、HRB500、HRBF400、HRBF500、HRB335、RRB400、HPB300 钢筋。

（2）梁、柱和斜撑构件的纵向受力普通钢筋宜采用 HRB400、HRB500、HRBF400、HRBF500 钢筋。

（3）箍筋宜采用 HRB400、HRBF400、HRB335、HPB300、HRB500、HRBF500 钢筋。

（4）预应力筋宜采用预应力钢丝、钢绞线或预应力螺纹钢筋。

各种钢筋类型的钢筋符号及在软件中的代号如表 1–1 所示。

表 1-1　钢筋符号表

钢筋种类	钢筋牌号	钢筋符号	软件代号
热轧光圆钢筋	HPB300	ϕ	A
普通热轧带肋钢筋	HRB335	Φ	B
普通热轧带肋钢筋	HRB400	Φ	C
余热处理带肋钢筋	RRB400	Φ^R	D
普通热轧带肋钢筋	HRB500	Φ	E
细晶粒热轧带肋钢筋	HRBF335	Φ^F	BF
细晶粒热轧带肋钢筋	HRBF400	Φ^F	CF
细晶粒热轧带肋钢筋	HRBF500	Φ^F	EF
普通热轧抗震钢筋	HRB335E	Φ^E	BE
普通热轧抗震钢筋	HRB400E	Φ^E	CE
普通热轧抗震钢筋	HRB500E	Φ^E	EE
细晶粒热轧抗震钢筋	HRBF335E	Φ^{FE}	BFE
细晶粒热轧抗震钢筋	HRBF400E	Φ^{FE}	CFE
细晶粒热轧抗震钢筋	HRBF500E	Φ^{FE}	EFE
冷轧带肋钢筋		ϕ^R	L
冷轧扭钢筋		ϕ^t	N
预应力钢绞线		ϕ^S	
预应力钢丝		ϕ^P	

根据"四节一环保"的要求，提倡应用高强、高性能的钢筋，将 400 MPa、500 MPa 级高强热轧带肋钢筋作为纵向受力的主导钢筋推广应用；淘汰直径 16 mm 及以上 HRB335 MPa 级热轧带肋钢筋，保留小直径的 HRB335 钢筋，主要用于中、小跨度楼板配筋以及剪力墙的分布筋配筋，还可用于构件的箍筋与构造配筋；用 300 MPa 级光圆钢筋取代 235 MPa 级光圆钢筋，将其规格限于直径 6~14 mm，主要用于小规格梁柱的箍筋与其他混凝土构件的构造配筋；箍筋用于抗剪、抗扭及抗冲切设计时，其抗拉强度设计值发挥受到限制，不宜采用强度高于 400 MPa 级的钢筋；取消 HRBF335 牌号钢筋。

1.2 钢筋算量基本原理

根据《房屋建筑与装饰工程工程量计算规范》（GB 50854—2013）中钢筋工程量计算的要求，钢筋工程量应按设计图示钢筋（网）长度（面积）乘单位理论质量计算。计算公式如下：

$$钢筋工程量=钢筋图示长度×钢筋每米理论质量 \qquad （式1-1）$$

上式中，钢筋图示长度为钢筋在构件内的净长加在节点处的锚固长度，并考虑钢筋的连接长度。钢筋在节点处的锚固长度受构件混凝土标号、结构抗震等级、钢筋型号以及混凝土保护层厚度的影响。

钢筋每米理论质量可由下式计算得到：

$$钢筋每米理论质量 = 0.006\ 17×d^2\ kg/m \qquad （式1-2）$$

式中：d 为钢筋直径，mm。

【例 1-1】Φ10 钢筋的单位理论质量=0.00617×10×10=0.617 kg/m

在实际工作中，钢筋每米理论质量也可以查表（表 1-2）得到。

表 1-2　钢筋每米理论质量表

序号	公称直径/mm	理论质量/（kg/m）	表面积/（m²/t）	序号	公称直径/mm	理论质量/（kg/m）	表面积/（m²/t）
1	3	0.055	169.9	14	14	1.208	36.4
2	4	0.099	127.4	15	15	1.387	34.0
3	5.5	0.187	92.6	16	16	1.578	31.8
4	6	0.222	84.9	17	17	1.782	30.0
5	6.5	0.260	78.4	18	18	1.998	28.3
6	7	0.302	72.8	19	19	2.226	26.8
7	8	0.395	63.7	20	20	2.466	25.5
8	8.2	0.415	62.1	21	21	2.719	24.3
9	9	0.499	56.6	22	22	2.984	23.2
10	10	0.617	51.0	23	23	3.261	22.2
11	11	0.746	46.3	24	24	3.551	21.2
12	12	0.888	42.5	25	25	3.853	20.4
13	13	1.042	39.2	26	26	4.168	19.6

序号	公称直径/mm	理论质量/（kg/m）	表面积/（m²/t）	序号	公称直径/mm	理论质量/（kg/m）	表面积/（m²/t）
27	27	4.495	18.9	38	40	9.865	12.7
28	28	4.834	18.2	39	42	10.876	12.1
29	29	5.185	17.6	40	45	12.485	11.3
30	30	5.549	17.0	41	48	14.205	10.6
31	31	5.925	16.4	42	50	15.414	10.2
32	32	6.313	15.9	43	53	17.319	9.6
33	33	6.714	15.4	44	55	18.650	9.3
34	34	7.127	15.0	45	56	19.335	9.1
35	35	7.553	14.6	46	58	20.740	8.8
36	36	7.990	14.2	47	60	22.195	8.5
37	38	8.903	13.4				

1.3 混凝土结构的环境类别

根据《混凝土结构设计规范》（GB 50010—2010）第 3.5.2 条规定，混凝土结构的环境类别可划分为以下几类。

表 1-3 混凝土结构的环境类别

环境类别	条件
一	室内干燥环境； 无侵蚀性静水浸没环境
二 a	室内潮湿环境； 非严寒和非寒冷地区的露天环境； 非严寒和非寒冷地区与无侵蚀性的水或土壤直接接触的环境； 严寒和寒冷地区的冰冻线以下与无侵蚀性的水或土壤直接接触的环境
二 b	干湿交替环境； 水位频繁变动环境； 严寒和寒冷地区的露天环境； 严寒和寒冷地区冰冻线以上与无侵蚀性的水或土壤直接接触的环境
三 a	严寒和寒冷地区冬季水位变动区环境； 受除冰盐影响环境； 海风环境
三 b	盐渍土环境； 受除冰盐作用环境； 海岸环境
四	海水环境
五	受人为或自然的侵蚀性物质影响的环境

在表 1-3 中，应注意：

（1）室内潮湿环境是指构件表面经常处于结露或湿润状态的环境。

（2）严寒和寒冷地区的划分应符合现行国家标准《民用建筑热工设计规范》（GB 50176）的有关规定。

（3）海岸环境和海风环境宜根据当地情况，考虑主导风向及结构所处迎风、背风部位等因素的影响，由调查研究和工程经验确定。

（4）受除冰盐影响环境是指受到除冰盐盐雾影响的环境，受除冰盐作用环境是指被除冰盐溶液溅射的环境以及使用除冰盐地区的洗车房、停车楼等建筑。

（5）暴露的环境是指混凝土结构表面所处的环境。

1.4 混凝土保护层厚度

钢筋混凝土构件由钢筋和混凝土两种建筑材料复合而成。混凝土保护层厚度是指钢筋混凝土结构构件中最外层钢筋（箍筋、构造筋、分布钢筋等）的外边缘至混凝土表面的距离。

混凝土保护层厚度越大，构件的受力钢筋粘结锚固性能和耐久性能就越好。但是，过大的保护层厚度会使构件受力后产生的裂缝宽度过大，影响其使用性能，如破坏构件表面的装修层，且过大的保护层厚度亦会造成经济上的浪费。因此，《混凝土结构设计规范》（GB 50010—2010）中，规定设计使用年限为 50 年的混凝土结构，最外层钢筋的保护层厚度应符合表 1-4 的规定。

表 1-4　混凝土保护层的最小厚度（单位：mm）

环境类别	板、墙	梁、柱
一	15	20
二 a	20	25
二 b	25	35
三 a	30	40
三 b	40	50

在表 1-4 中，应注意：

（1）表中混凝土保护层厚度是指最外层钢筋外边缘至混凝土表面的距离，适用于设计使用年限为 50 年的混凝土结构。

（2）构件中受力钢筋的保护层厚度不应小于钢筋的公称直径。

（3）一类环境中，设计使用年限为 100 年的结构最外层钢筋的保护层厚度不应小于表中数值的 1.4 倍；二、三类环境中，设计使用年限为 100 年的结构应采取专门的有效措施。

（4）混凝土强度等级不大于 C25 时，表中保护层厚度数值应增加 5。

（5）基础底面钢筋的保护层厚度，有混凝土垫层时应从垫层顶面算起，且不应小于 40。

【例 1-2】某框架结构，设计年限 50 年，钢筋混凝土梁上部通长筋采用 4 根直径 25 mm 的 HRB335 钢筋，混凝土等级为 C30，环境等级一级，问该梁的混凝土保护层最小厚度应为多少？

答：查表 1-4 得，一类环境，梁构件保护层应为 20 mm；但根据注释（2），受力钢筋的保护层厚度不应小于钢筋公称直径，所以该梁保护层最少应为 25 mm。

1.5 钢筋的锚固长度

钢筋的锚固长度，一般是指各种结构构件相互交接处彼此的钢筋应互相锚固的长度。如设计图纸有明确规定的，钢筋锚固长度按图纸设计标注计算；当设计无具体要求时，可按照《混凝土结构施工图平面整体表示方法制图规则和构造详图》16G101 系列图集的要求进行取值。

16G101 系列图集以表格形式给出了受拉钢筋基本锚固长度 l_{ab}（非抗震）（表 1-5）、l_{abE}（抗震）（表 1-6）。

表 1-5 受拉钢筋基本锚固长度 l_{ab}

钢筋种类	混凝土强度等级								
	C20	C25	C30	C35	C40	C45	C50	C55	≥C60
HPB300	39d	34d	30d	28d	25d	24d	23d	22d	21d
HRB335、HRBF335	38d	33d	29d	27d	25d	23d	22d	21d	21d
HRB400、HRBF400、RRB400	—	40d	35d	32d	29d	28d	27d	26d	25d
HRB500、HRBF500	—	48d	43d	39d	36d	34d	32d	31d	30d

表 1-6 抗震设计时受拉钢筋基本锚固长度 l_{abE}

钢筋种类		混凝土强度等级								
		C20	C25	C30	C35	C40	C45	C50	C55	≥C60
HPB300	一、二级	45d	39d	35d	32d	29d	28d	26d	25d	24d
	三级	41d	36d	32d	29d	26d	25d	24d	23d	22d
HRB335、HRBF335	一、二级	44d	38d	33d	31d	29d	26d	25d	24d	24d
	三级	40d	35d	31d	28d	26d	24d	23d	22d	22d
HRB400、HRBF400、RRB400	一、二级	—	46d	40d	37d	33d	32d	31d	30d	29d
	三级	—	42d	37d	34d	30d	29d	28d	27d	26d
HRB500、HRBF500	一、二级	—	55d	49d	45d	41d	39d	37d	36d	35d
	三级	—	50d	45d	41d	38d	36d	34d	33d	32d

在表 1-5 和表 1-6 中，应注意：

（1）四级抗震时，$l_{abE}=l_{ab}$。

（2）当锚固钢筋的保护层厚度不大于 5d 时，锚固钢筋长度范围内应设置横向构造钢筋，其直径不应小于 $d/4$（d 为锚固钢筋的最大直径）；对梁、柱等构件间距不应大于 5d，对板、墙等构件间距不应大于 10d，且均不应大于 100（d 为锚固钢筋的最小直径）。

上表中：

$$l_{abE}=\zeta_{aE}\times l_{ab} \qquad\qquad （式1-3）$$

式中：ζ_{aE} 为抗震锚固长度修正系数，对一、二级抗震等级取 1.15，对三级抗震等级取 1.05，对四级抗震等级取 1.00。

基本锚固长度是根据《混凝土结构设计规范》（GB 50010—2010）中理论公式计算而得，为钢筋锚固长度的基本值，当钢筋类型及所处环境不同时，应进行锚固长度修正，即乘以锚固长度系数 ζ_a。

纵向受拉钢筋锚固长度修正系数 ζ_a 的取值依据表1-7。

表1-7　受拉钢筋锚固长度修正系数取值表

受拉钢筋锚固长度修正系数 ζ_a		
锚固条件	ζ_a	
带肋钢筋的公称直径大于25	1.10	
环氧树脂涂层带肋钢筋	1.25	
施工过程中易受扰动的钢筋	1.10	
锚固区保护层厚度 $3d$	0.80	注：中间时取值按内插值。d 为锚固钢筋直径
$5d$	0.70	

修正后的受拉钢筋非抗震锚固长度 l_a 与抗震锚固长度 l_{aE} 的计算公式如下：

非抗震锚固长度：

$$l_a = \zeta_a l_{ab} \qquad\qquad （式1-4）$$

抗震锚固长度：

$$l_{aE}=\zeta_a l_{abE} \qquad\qquad （式1-5）$$

【例1-3】某框架结构，抗震等级二级，钢筋混凝土梁上部通长筋采用4根直径20 mm的HRB335钢筋，混凝土标号为C20，问该上部通长筋在支座内的锚固长度应为多少？

答：抗震锚固长度 $l_{aE}=\zeta_a l_{abE}$。

查表1-6得，HRB335的钢筋，抗震等级二级，混凝土强度等级C20，抗震基本锚固长度为 44d，因此：

$$l_{aE}=\zeta_a l_{abE}=1.00\times44\times20=880\ mm$$

在16G101系列图集中，受拉钢筋的锚固长度 l_a（非抗震）、l_{aE}（抗震）均以表格形式给出，使用时直接查询表1-8、表1-9即可。

在表1-8和表1-9中，应注意：

（1）当为环氧树脂涂层带肋钢筋时，表中数据尚应乘以 1.25。

（2）当纵向受拉钢筋在施工过程中易受扰动时，表中数据尚应乘以 1.1。

（3）当锚固长度范围内纵向受力钢筋周边保护层厚度为 $3d$、$5d$（d 为锚固钢筋的直径）时，表中数据可分别乘以 0.80、0.70；中间时取值按内插值。

（4）当纵向受拉普通钢筋锚固长度修正系数（注1~注3）多于一项时，可按连乘计算。

表 1-8　受拉钢筋锚固长度 l_a

钢筋种类	混凝土强度等级																
	C20	C25		C30		C35		C40		C45		C50		C55		≥C60	
	d≤25	d≤25	d>25	d≤25	d>25	d≤25	d>25	d≤25	d>25	d≤25	d>25	d≤25	d>25	d≤25	d>25	d≤25	d>25
HPB300	39d	34d	—	30d	—	28d	—	25d	—	24d	—	23d	—	22d	—	21d	—
HRB335、HRBF335	38d	33d	—	29d	—	27d	—	25d	—	23d	—	22d	—	21d	—	21d	—
HRB400、HRBF400、RRB400	—	40d	44d	35d	39d	32d	35d	29d	32d	28d	31d	27d	30d	26d	29d	25d	28d
HRB500、HRBF500	—	48d	53d	43d	47d	39d	43d	36d	40d	34d	37d	32d	35d	31d	34d	30d	33d

表 1-9　受拉钢筋抗震锚固长度 l_{aE}

钢筋种类及抗震等级		混凝土强度等级																
		C20	C25		C30		C35		C40		C45		C50		C55		≥C60	
		d≤25	d≤25	d>25	d≤25	d>25	d≤25	d>25	d≤25	d>25	d≤25	d>25	d≤25	d>25	d≤25	d>25	d≤25	d>25
HPB300	一、二级	45d	39d	—	35d	—	32d	—	29d	—	28d	—	26d	—	25d	—	24d	—
	三级	41d	36d	—	32d	—	29d	—	26d	—	25d	—	24d	—	23d	—	22d	—
HRB335、HRBF335	一、二级	44d	38d	—	33d	—	31d	—	29d	—	26d	—	25d	—	24d	—	24d	—
	三级	40d	35d	—	30d	—	28d	—	26d	—	24d	—	23d	—	22d	—	22d	—
HRB400、HRBF400、RRB400	一、二级	—	46d	51d	40d	45d	37d	40d	33d	37d	32d	36d	31d	35d	30d	33d	29d	32d
	三级	—	42d	46d	37d	41d	34d	37d	30d	34d	29d	33d	28d	32d	27d	30d	26d	29d
HRB500、HRBF500	一、二级	—	55d	61d	49d	54d	45d	49d	41d	46d	39d	43d	37d	40d	36d	39d	35d	38d
	三级	—	50d	56d	45d	49d	41d	45d	38d	42d	36d	39d	34d	37d	33d	36d	32d	35d

（5）受拉钢筋的锚固长度 l_a、l_{aE} 计算值不应小于 200。

（6）四级抗震时，$l_{aE}=l_a$。

（7）当锚固钢筋的保护层厚度不大于 $5d$ 时，锚固钢筋长度范围内应设置横向构造钢筋，其直径不应小于 $d/4$（d 为锚固钢筋的最大直径）；对梁、柱等构件间距不应大于 $5d$，对板、墙等构件间距不应大于 $10d$，且均不应大于 100（d 为锚固钢筋的最小直径）。

1.6 钢筋的连接方式

钢筋连接方式主要有绑扎搭接、机械连接和焊接三种。常见的机械连接有套筒挤压、镦粗直螺纹和锥螺纹等形式。常见的焊接方法有电弧焊（双面焊、单面焊）、电渣压力焊、闪光对焊和气压焊。机械连接和焊接对钢筋工程量计算结果影响不大，而绑扎搭接方式会因为钢筋搭接而使得所用钢筋实际长度比设计标注尺寸更长。

纵向受拉钢筋的绑扎搭接长度可按表 1-10 计算。

表 1-10 纵向受拉钢筋绑扎搭接长度

纵向受拉钢筋绑扎搭接长度 l_1、l_{lE}			注：
抗震	非抗震		（1）当直径不同的钢筋搭接时，l_1、l_{lE} 按直径较小的钢筋计算。
$l_{lE} = \zeta_l l_{aE}$	$l_1 = \zeta_l l_a$		（2）任何情况下不应小于 300 mm。
纵向受拉钢筋搭接长度修正系数 ζ_l			（3）式中 ζ_l 为纵向受拉钢筋搭接长度修正系数。当纵向受拉钢筋搭接接头面积百分率为表中所列数据的中间值时，可按内插取值。
纵向钢筋搭接接头面积百分率/%	≤25	50	100
ζ_l	1.2	1.4	1.6

上表中纵向钢筋搭接接头面积百分率含义为该连接区段内有连接接头的纵向受力钢筋截面面积与全部纵向钢筋截面面积的比值。

图集中规定绑扎搭接连接区段的长度为从接头中点到区段的两端 $0.65l_1$，两端之间的长度为 $1.3l_1$。如果某根钢筋的接头中点落在 $1.3l_1$ 的范围内，则说明这两根钢筋的接头没有错开，属于同一连接区段。如图 1-1 中①号连接区段内有一个钢筋接头，而②号连接区段内有两个接头。当图中四根钢筋直径相同时，①号连接区钢筋接头面积百分率为 25%，而②号连接区段钢筋接头面积百分率为 50%。

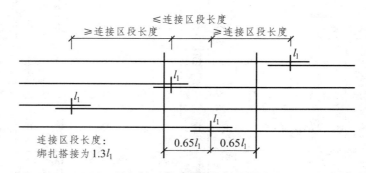

同一连接区段内纵向受拉钢筋绑扎搭接接头

连接区段①　　　连接区段②　　　连接区段③

图 1-1　纵向受拉钢筋绑扎搭接连接区段

【例 1-4】某抗震框架梁内纵筋 8 根，锚固长度 l_{aE}，其中四根下部钢筋直径均为 25 mm，四根上部通长筋直径均为 20 mm。某个连接区段内，有两根下部钢筋绑扎搭接，其余钢筋正常通过。问该连接区段这两根钢筋的搭接长度为多少？

答：该区段钢筋接头面积百分率 $= \dfrac{2 \times \pi \times (25/2)^2}{4 \times \pi \times (25/2)^2 + 4 \times \pi \times (20/2)^2} \times 100\% = 30\%$

查表1-10，并根据表注释3，采用内插取值法：$\dfrac{30-25}{50-25} = \dfrac{x-1.2}{1.4-1.2}$

解得：$x=1.24$。

因此，该区段内搭接长度应为 $l_{lE} = \zeta_l l_{aE} = 1.24 l_{aE}$。

在16G101系列图集中，纵向受拉钢筋的搭接长度 l_l（非抗震）、l_{lE}（抗震）直接以表格形式给出，如表1-11、表1-12所列。

表1-11 纵向受拉钢筋搭接长度 l_l

钢筋种类及同一区段内搭接钢筋面积百分率		混凝土强度等级															
		C20	C25		C30		C35		C40		C45		C50		C55		≥C60	
		$d\le25$	$d\le25$	$d>25$	$d\le25$	$d>25$	$d\le25$	$d>25$	$d\le25$	$d>25$	$d\le25$	$d>25$	$d\le25$	$d>25$	$d\le25$	$d>25$	$d\le25$	$d>25$
HPB300	≤25%	47d	41d		36d		34d		30d		29d		28d		26d		25d	
	50%	55d	48d		42d		39d		35d		34d		32d		31d		29d	
	100%	62d	54d		48d		45d		40d		38d		37d		35d		34d	
HRB335、HRBF335	≤25%	46d	40d		35d		32d		30d		28d		26d		25d		25d	
	50%	53d	46d		41d		38d		35d		32d		31d		29d		29d	
	100%	61d	53d		46d		43d		40d		37d		35d		34d		34d	
HRB400、HRBF400、RRB400	≤25%		48d	53d	42d	47d	38d	42d	35d	38d	34d	37d	32d	36d	31d	35d	30d	34d
	50%		56d	62d	49d	55d	45d	49d	41d	45d	39d	43d	38d	42d	36d	41d	35d	39d
	100%		64d	70d	56d	62d	51d	56d	46d	51d	45d	50d	43d	48d	42d	46d	40d	45d
HRB500、HRBF500	≤25%		58d	64d	52d	56d	47d	52d	43d	48d	41d	44d	38d	42d	37d	41d	36d	40d
	50%		67d	74d	60d	66d	55d	60d	50d	56d	48d	52d	45d	49d	43d	48d	42d	46d
	100%		77d	85d	69d	75d	62d	69d	58d	64d	54d	59d	51d	56d	50d	54d	48d	53d

在表1-11和表1-12中，应注意：

（1）表中数值为纵向受拉钢筋绑扎搭接接头的搭接长度。

（2）两根不同直径钢筋搭接时，表中 d 取较细钢筋直径。

（3）当为环氧树脂涂层带肋钢筋时，表中数据尚应乘以1.25。

（4）当纵向受拉钢筋在施工中易受扰动时，表中数据尚应乘以1.1。

（5）当搭接长度范围内纵向受力钢筋周边保护层厚度为 $3d$、$5d$（d 为搭接钢筋的直径）时，表中数据尚可分别乘以0.8、0.7；中间时取值可按内插值。

（6）当上述修正系数（注3~5）多于一项时，可按连乘计算。

（7）任何情况下，搭接长度不应小于300。

（8）四级抗震等级时，$l_{lE}=l_l$。

表 1-12　纵向受拉钢筋搭接长度 l_{lE}

钢筋种类及同一区段内搭接钢筋面积百分率			混凝土强度等级															
			C20		C25		C30		C35		C40		C45		C50		C55		≥C60
			d≤25	d≤25	d>25	d≤25	d>25	d≤25	d>25	d≤25	d>25	d≤25	d>25	d≤25	d>25	d≤25	d>25	d≤25	d>25
一、二级抗震等级	HPB300	≤25%	54d	47d		42d		38d		35d		34d		31d		30d		29d	
		50%	63d	55d		49d		45d		41d		39d		36d		35d		34d	
	HRB335、HRBF335	≤25%	53d	46d		40d		37d		35d		31d		30d		29d		29d	
		50%	62d	53d		46d		43d		41d		36d		35d		34d		34d	
	HRB400、HRBF400	≤25%		55d	61d	48d	54d	44d	48d	40d	44d	38d	43d	37d	42d	36d	40d	35d	38d
		50%		64d	71d	56d	63d	52d	56d	46d	52d	45d	50d	43d	49d	42d	46d	41d	45d
	HRB500、HRBF500	≤25%		66d	73d	59d	65d	54d	59d	49d	59d	47d	52d	44d	48d	43d	47d	42d	46d
		50%		77d	85d	69d	76d	63d	69d	57d	64d	55d	60d	52d	56d	50d	55d	49d	53d
三级抗震等级	HPB300	≤25%	49d	43d		38d		35d		31d		30d		29d		28d		26d	
		50%	57d	50d		45d		41d		36d		35d		34d		32d		31d	
	HRB335、HRBF335	≤25%	48d	42d		36d		34d		31d		29d		28d		26d		26d	
		50%	56d	49d		42d		39d		36d		34d		32d		31d		31d	
	HRB400、HRBF400	≤25%		50d	55d	44d	49d	41d	44d	36d	41d	35d	40d	34d	38d	32d	36d	31d	35d
		50%		59d	64d	52d	57d	48d	52d	42d	48d	41d	46d	39d	45d	38d	42d	36d	41d
	HRB500、HRBF500	≤25%		60d	67d	54d	59d	49d	54d	46d	50d	43d	47d	41d	44d	40d	43d	38d	42d
		50%		70d	78d	63d	69d	57d	63d	53d	59d	50d	55d	48d	52d	46d	50d	45d	49d

【课堂实训】

（1）某框架结构，设计年限 50 年，钢筋混凝土梁上部通长筋采用 4 根直径 20 mm 的 HRB335 钢筋，混凝土强度等级为 C20，环境等级一级，问该梁的混凝土保护层最小厚度应为多少？

（2）某框架结构，抗震等级一级，钢筋混凝土梁上部通长筋采用 4 根直径 25 mm 的 HRB335 钢筋，混凝土强度等级为 C30，问该上部通长筋在支座内的锚固长度 l_{aE} 应为多少？

任务二 柱平法识图与钢筋算量

【案例背景】

某三层框架结构如图 2-1 所示，柱平法施工图见图 2-2。抗震等级三级，基础混凝土等级 C40，其他未注明混凝土等级均为 C30；基础底板保护层厚度 40 mm，梁保护层厚度 30 mm，柱保护层厚度 30 mm，现浇板保护层厚度 15 mm。现浇板板厚均为 120 mm。

思考，该建筑柱构件需要哪几种钢筋？各自需要多少量？

图 2-1 某三层框架结构建筑模型

层号	顶标高	层高	梁高
3	11.3	3.7	700
2	7.6	3.7	700
1	3.9	3.9	700
基础	-0.4		基础厚度 800

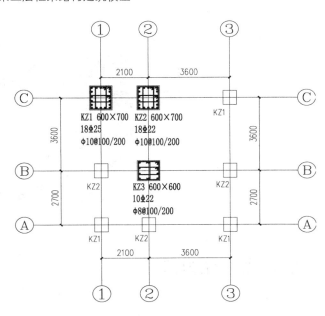

图 2-2 某三层框架结构柱平法施工图

2.1　柱内钢筋的组成

柱构件作为建筑结构的竖向承重构件，其内部的钢筋主要分为纵筋和箍筋两种（表 2–1，图 2–3）。

表 2-1　柱内钢筋骨架

纵　筋	角　筋
	b 边中部筋
	h 边中部筋
箍　筋	非复合箍
	复合箍

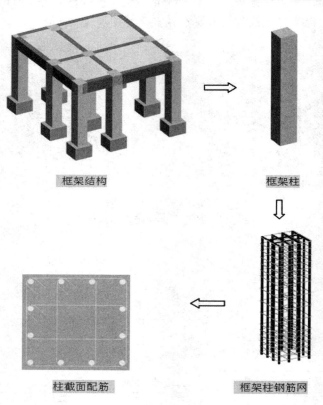

图 2-3　柱内钢筋骨架示意图

2.2　柱平法识图

柱平法施工图系在柱平面布置图上采用列表方式或者截面方式表达柱的尺寸及配筋。

柱平面布置图，可采用适当比例单独绘制，也可与剪力墙平面布置图合并绘制。

在柱平法施工图中，应按 16G101 图集规定注明各结构层的楼面标高、结构层高及相应的结构层号，尚应注明上部结构嵌固部位位置。

上部结构嵌固部位的注写应遵循下列规定：

（1）框架柱嵌固部位在基础顶面时，无需注明。

（2）框架柱嵌固部位不在基础顶面时，在层高表嵌固部位标高下使用双细线注明，并在层高表下注明上部结构嵌固部位标高。

（3）框架柱嵌固部位不在地下室顶板，但仍需考虑地下室顶板对上部结构实际存在嵌固作用时，可在层高表地下室顶板标高下使用双虚线注明，此时首层柱端箍筋加密区长度范围及纵筋连接位置均按嵌固部位要求设置。

2.2.1 列表注写

列表注写方式系在柱平面布置图上，分别在同一编号的柱中选择一个（有时需要几个）截面标注几何参数代号；在柱表中注写柱编号、柱段起止标高、几何尺寸（含柱截面对轴线的偏心情况）与配筋的具体数值，并配以各种柱截面形状及其箍筋类型图的方式，来表达柱平法施工图。

柱表注写内容规定如下：

（一）柱编号

由柱类型代号和序号组成。16G101—1 图集中，将混凝土结构中的柱分为框架柱、转换柱、芯柱、梁上柱和剪力墙上柱五种（图 2-4）。

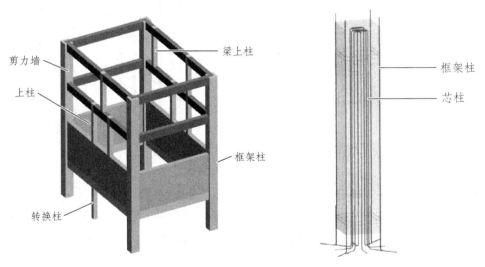

图 2-4　柱类型

注写方式应符合表 2–2 的规定。在编号时，当柱的总高、分段截面尺寸和配筋均对应相同，仅截面与轴线的关系不同时，仍可将其编为同一柱号，但应在图中注明截面与轴线的关系。

表 2-2　柱 编 号

柱类型	代　号	序　号
框架柱	KZ	××
转换柱	ZHZ	××
芯柱	XZ	××
梁上柱	LZ	××
剪力墙上柱	QZ	××

（二）柱段起止标高

自柱根部往上，以变截面位置或截面未变但配筋改变处为界，分段注写。

框架柱和转换柱的根部标高系指基础顶面标高；芯柱的根部标高系指根据结构实际需要而定的起始位置标高；梁上柱的根部标高系指梁顶面标高；剪力墙上柱的根部标高系指墙顶面标高。

（三）截面尺寸及与轴线的位置关系

对于矩形柱，注写柱截面尺寸 $b×h$，以及与轴线关系的几何参数代号 b_1、b_2 和 h_1、h_2 的具体数值，需对应于各段柱分别注写。其中，$b=b_1+b_2$，$h=h_1+h_2$。

对于圆柱（图 2-5），表中 $b×h$ 一栏改用在圆柱直径前加 d 表示。为表达简单，圆柱截面与轴线的关系也用 b_1、b_2 和 h_1、h_2 表示，且 $d=b_1+b_2=h_1+h_2$。

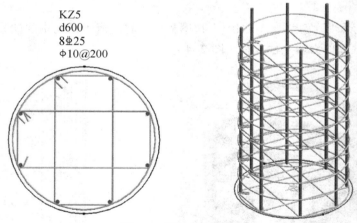

KZ5
d600
8⌀25
Φ10@200

图 2-5　圆柱钢筋骨架

对于芯柱，根据结构需要，可以在某些框架柱的一定高度范围内，在其内部的中心位置设置（分别引注其柱编号）。芯柱中心应与柱中心重合，并标注其截面尺寸，按 16G101—1 图集标准构造详图施工；当设计者采用与 16G101 图集构造详图不同的做法时，应另行注明。芯柱定位随框架柱，不需要注写其与轴线的几何关系。

（四）柱纵筋

当柱纵筋直径相同，各边根数也相同时，将纵筋注写在"全部纵筋"一栏中。

除此之外，柱纵筋分角筋、截面 b 边中部筋和 h 边中部筋三项分别注写（对于采用对称配筋的矩形截面柱，可仅注写一侧中部筋，对称边省略不注写；对于采用非对称配筋的矩形截面柱，必须每侧均注写中部筋）。

（五）箍筋的型号及肢数

具体工程所设计的各种箍筋类型图以及箍筋复合的具体方式，需画在表的上部或图中的适当位置，并在其上标注与表中相对应的 b、h 和类型号。

（六）箍筋的钢筋级别、直径与间距

用斜线"/"区分柱端箍筋加密区与柱身非加密区长度范围内箍筋的不同间距。施工人员需根据标准构造详图的规定，在规定的几种长度值中取其最大者作为加密区长度。当框架节点核心区内箍筋与柱端箍筋设置不同时，应在括号中注明核心区箍筋直径及间距。

【例 2-1】Φ10@100/200，表示箍筋为 HPB300 级钢筋，直径为 10，加密区间距为 100，非加密区间距为 200。

Φ10@100/200（Φ12@100），表示柱中箍筋为 HPB300 级钢筋，直径为 10，加密区间距为 100，非加密区间距为 200，框架节点核心区箍筋为 HPB300 级钢筋，直径为 12，间距为 100。

当箍筋沿柱全高为同一种间距时，则不使用"/"线（图 2-6）。

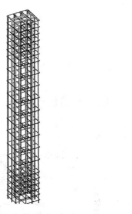

（a）柱端箍筋加密　　　　　（b）柱全高箍筋加密

图 2-6　柱箍筋加密区示意图

【例 2-2】Φ10@100，表示沿柱全高范围内箍筋均为 HPB300，钢筋直径为 10，间距为 100。当圆柱采用螺旋箍筋时，需在箍筋前加"L"。

【例 2-3】LΦ10@100/200，表示采用螺旋箍筋，HPB300，钢筋直径为 10。

2.2.2　截面注写

截面注写系在柱平面布置图的柱截面上，分别在同一编号的柱中选择一个截面，以直接注写截面尺寸和配筋具体数值的方式来表达柱平法施工图。采用截面注写方式的柱平法施工

图，需分标准层绘制。

（一）集中标注

在相同编号的柱中选择一个截面，按比例放大绘制柱截面配筋图，并引注集中标注的内容：

（1）柱类型及编号。

（2）柱截面尺寸 $b×h$。

（3）柱角筋或全部纵筋。

当柱纵筋直径相同，各边根数也相同时，此项注写全部纵筋；否则，此项只注写角筋。

（4）箍筋配筋。

（二）原位标注

（1）柱截面与轴线的关系。

在柱的截面图上分别注写轴线距离柱边缘的尺寸 b_1、b_2、h_1 和 h_2。

（2）柱 b 边中部筋及 h 边中部筋。

对称排布的纵筋，只需注写一侧。

（3）箍筋的类型及肢数。

在柱截面图中直接画出箍筋的复合类型及箍筋肢数。

2.2.3 柱平法识图示例

（一）柱列表注写示例

本书给出了以柱表形式注写的柱平法施工图。其建筑模型见图 2-7。

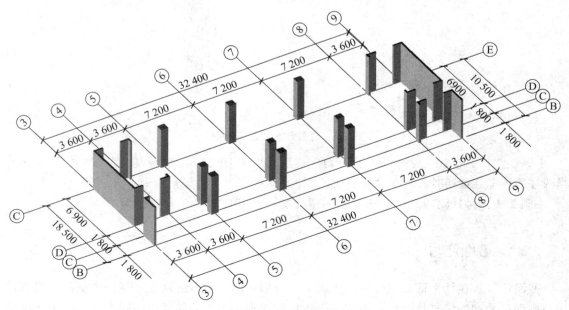

图 2-7　柱列表注写示例中的建筑模型

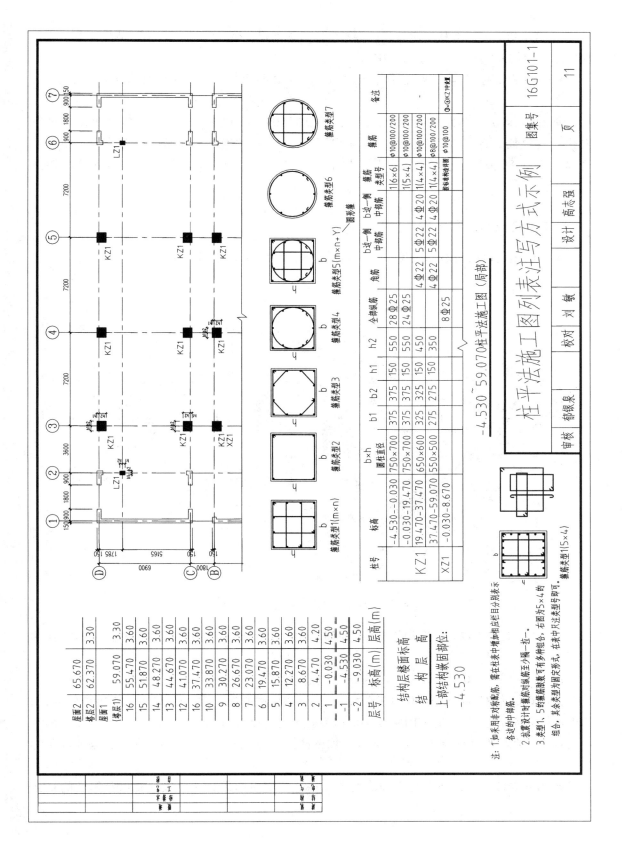

柱平法施工图列表注写方式示例

图集号 16G101-1

页 11

从"–4.530～59.070 柱平法施工图局部"中可以看出，该建筑地上 16 层，地下 2 层，首层楼面标高为–0.030 m，首层层高 4.50 m。

KZ1 柱根部标高–4.530，柱顶标高 59.070。KZ1 因截面尺寸变化或配筋发生改变而被分成 4 段。

如在–4.530～–0.030 内，柱截面尺寸为 750×700；配置 28 根直径为 25 的 HRB400 钢筋作为柱纵筋，在柱内均匀排布；箍筋采用直径为 10 的 HPB300 钢筋，为 6×6 的矩形复合箍，在柱根和柱端进行加密布置，加密区箍筋间距为 100，柱身非加密区箍筋间距为 200。

（二）柱截面注写示例

本书给出了以截面形式注写的柱平法施工图。其建筑模型见图 2–8。

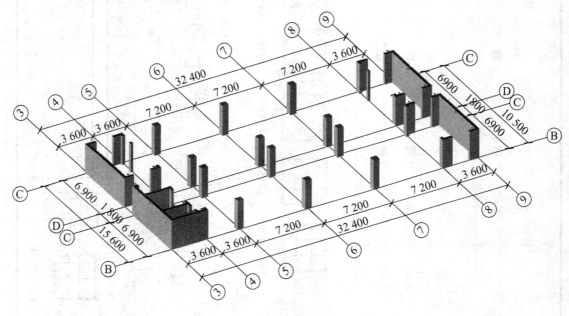

图 2-8　柱截面注写示例中的建筑模型

从"19.470～37.470 柱平法施工图（局部）"中可以看出，该图仅表示了此建筑 6～10 层的柱配筋图。

在 19.470～37.470 内，KZ1 的截面尺寸与配筋和列表注写相一致，柱截面尺寸为 650×600；配置 4 根直径为 22 的 HRB400 钢筋作为角筋，b 边中部筋为 5 根直径 22 的 HRB400 钢筋，h 边中部筋为 4 根直径 20 的 HRB400 钢筋；箍筋采用直径为 10 的 HPB300 钢筋，为 4×4 的矩形复合箍，在柱根和柱端进行加密布置，加密区箍筋间距为 100，柱身非加密区箍筋间距为 200。

相比列表注写，截面注写更加清楚地表示了柱内纵筋的具体位置分布以及箍筋的复合方式。

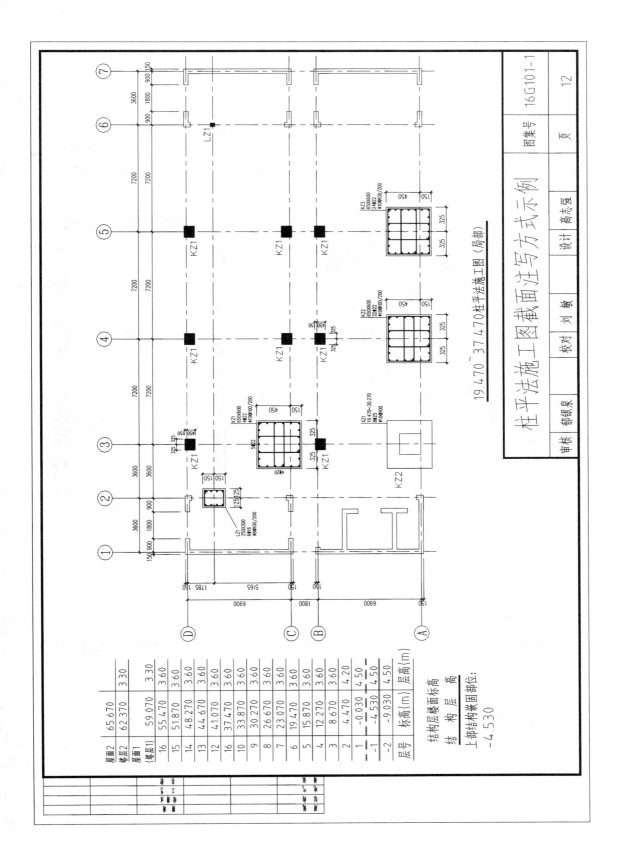

19.470~37.470柱平法施工图（局部）

柱平法施工图截面注写方式示例

				图集号	16G101-1
审核	郁银泉	校对 刘 敏	设计 高志强	页	12

2.3　柱钢筋算量

本书以框架柱为例进行手算钢筋量的讲解。

柱属于竖向构件，柱内的钢筋一般包括纵筋和箍筋两种类型。其中纵筋从基础一直向上延伸到该柱顶层标高。因此每根纵筋的计算可从下至上分解为基础插筋、地下室纵筋（有地下室时）、底层柱纵筋、中间层纵筋和顶层纵筋（图2-9）。箍筋的计算主要考虑抗震情况下，箍筋的布置分为加密区和非加密区。

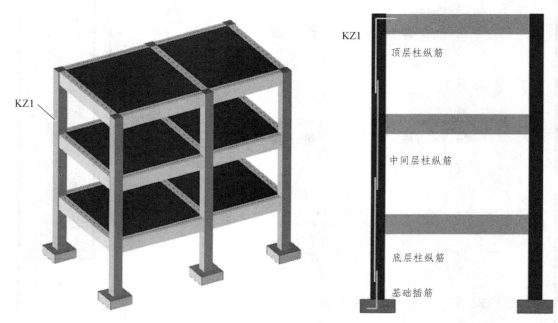

图 2-9　柱纵筋

2.3.1　柱纵筋计算

（一）基础插筋

柱钢筋在基础内的锚固见16G101—3图集第66页。因此，基础插筋的长度公式可概括为：

$$基础插筋长度 = 弯折长度\ a + 基础内高度\ h_1 + 非链接区(外露长度) +$$
$$与上层钢筋搭接\ l_{lE} \qquad （式2-1）$$

1. 弯折长度 a

（1）当基础高度满足直锚[图2-10(a)、图2-10(b)]。

即：基础厚度 h_j-基础保护层 c≥锚固长度 l_{aE}，此时：

$$弯折长度\ a = \max(6d, 150) \qquad （式2-2）$$

注：基础厚度 h_j 指的是基础底面到基础顶面的高度。d 为插筋直径。

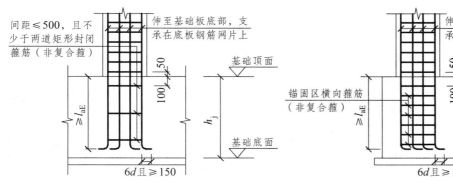

（a）保护层厚度>5d，基础高度满足直锚

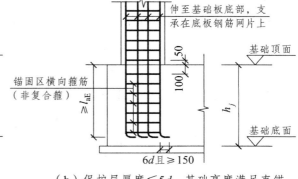

（b）保护层厚度≤5d，基础高度满足直锚

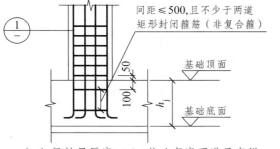

（c）保护层厚度>5d，基础高度不满足直锚

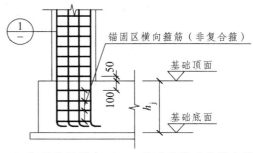

（d）保护层厚度≤5d，基础高度不满足直锚

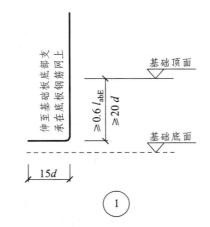

①

图 2-10　柱纵向钢筋在基础中的构造

（2）当基础高度不满足直锚 [图 2-10（c）、图 2-10（d）]。

即：基础厚度 h_j －基础保护层 c＜锚固长度 l_{aE}，此时：

$$弯折长度\ a = 15d \hspace{4cm} （式\ 2\text{-}3）$$

注：当图纸上已经标明弯折长度 a 时，以图纸标注为准。

2. 基础内高度 h_1

$$基础内高度\ h_1 = 基础厚度\ h_j － 基础保护层厚度\ c \hspace{1.5cm} （式\ 2\text{-}4）$$

注：当图纸上已经标明基础内高度 h_1 时，以图纸标注为准。

3. 非连接区（外露长度）

（1）当无地下室时（16G101—1，p63），如图2-11所示。

嵌固部位为一层地面（即基础顶面）。

$$非连接区纵筋长度 = H_n/3 \qquad （式2-5）$$

注：H_n 为底层柱净高，柱净高＝层高－梁高。

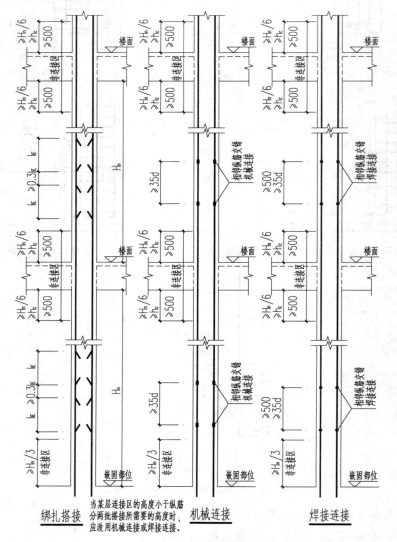

图 2-11　KZ 纵向钢筋连接构造

（2）当有地下室时（图2-12）。

嵌固部位为一层地面（非基础顶面），此时，基础顶面为地下室地面，该处是否为嵌固部位要看设计标注。

$$非连接区纵筋长度 = \max(H_n/6,\ h_c,\ 500) \qquad （式2-6）$$

注：h_c 为柱截面长边的尺寸。

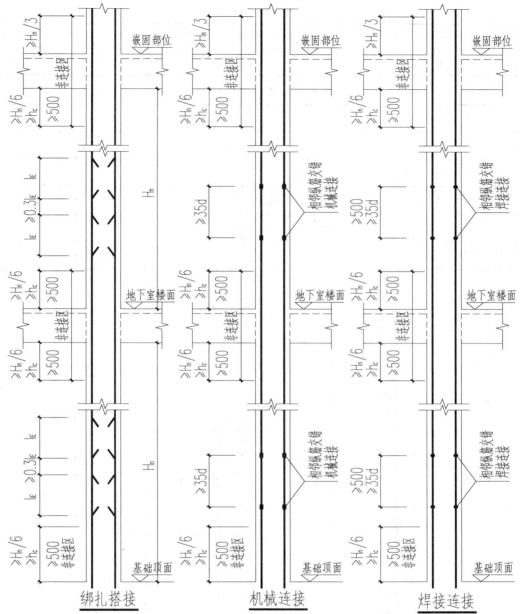

当某层连接区的高度小于纵筋分两批搭接所
需要的高度时，应改用机械连接或焊接连接。

图 2-12　地下室 KZ 的纵向钢筋连接构造

4. 与上层钢筋搭接 l_{lE}（图 2-11、图 2-12）

（1）绑扎搭接：$l_{lE} = \zeta_l \times l_{aE}$，或查表得到。

（2）机械搭接或焊接时，搭接长度 l_{lE} 为 0。

【例 2-4】根据本章案例背景计算 KZ1 基础插筋长度。（假设纵筋连接方式为绑扎搭接）

【分析】KZ1 计算条件见表 2-3，KZ1 配筋见图 2-13，KZ1 基础插筋的计算过程见表 2-4。

表 2-3　KZ1 计算条件

抗震等级	基础混凝土等级	柱混凝土等级	基础底板保护层厚度	钢筋连接方式	梁高	基础厚度
三级	C40	C30	40	绑扎搭接	700	800

表 2-4　KZ1 基础插筋计算过程

序号	计算步骤	计算过程
①	判断锚固条件	$l_{aE}=30d=30×25=750$；$h_j-c=800-40=760>750$；直锚
②	计算弯折长度 a	$a=\max(6d, 150)=150$
③	计算非连接区长度	$H_n/3=(3\ 900+400-700)/3=1\ 200$
④	计算搭接长度	$l_{lE}=52d=52×25=1\ 300$
⑤	计算基础插筋长度	$L=a+h_j-c+H_n/3+l_{lE}=150+800-40+1\ 200+1\ 300=3\ 410$

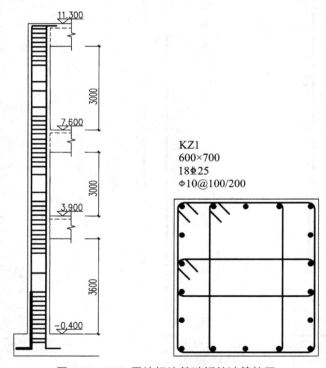

图 2-13　KZ1 平法标注基础插筋计算简图

【计算结果】该 KZ1 的基础插筋在基础内弯折 150 mm，在基础内竖直段高 760 mm；18 根柱纵筋在伸出基础顶面后分两批截断，一批基础插筋伸出基础顶面 1 200 mm 后与底层柱纵筋再搭接 1 300 mm，其单根长度为 3 410 mm；另一批长度需再加 $1.3l_{lE}=1.3×1\ 300=1\ 690$ mm。

（二）底层柱纵筋

底层柱纵筋的构造见图 2-11。底层柱纵筋长度计算公式可写为：

底层柱钢筋长度=底层层高-本层非连接区+伸到上层的非链接区+
与上层钢筋搭接 l_{lE} （式2-7）

1. 底层层高

从基础顶面到二层地面的距离。

2. 本层非连接区长度

即基础插筋的外露长度。

（1）当无地下室时

嵌固部位为一层地面（即基础顶面）。外露长度=$H_n/3$。

（2）当有地下室

基础顶面为非嵌固部位时，外露长度=$\max(H_n/6, h_c, 500)$。

注：H_n 为底层柱净高。

3. 伸到上层的非连接区

伸到上层的非连接区=$\max(H_n/6, h_c, 500)$。

注：此处的 H_n 为上层的柱净高。

4. 与上层钢筋搭接 l_{lE}

（1）绑扎搭接：$l_{lE}=\zeta_1 \times l_{aE}$，或查表得到。

（2）机械搭接或焊接时，搭接长度 l_{lE} 为0。

【例2-5】根据本章案例背景计算 KZ1 底层纵筋长度。（假设纵筋连接方式为绑扎搭接）

【分析】KZ1 计算条件见表2-5，KZ1 配筋见图2-14。KZ1 底层纵筋的计算过程见表2-6。

表2-5　KZ1 计算条件

抗震等级	基础混凝土等级	柱混凝土等级	钢筋连接方式	梁高	基础厚度
三级	C40	C30	绑扎搭接	700	800

表2-6　KZ1 首层柱纵筋计算过程

序号	计算步骤	计算过程
①	计算本层非连接区长	$H_n/3=3\,600/3=1\,200$
②	计算伸到上层非连接区长	$\max(H_n/6, h_c, 500)=\max(3\,000/6, 700, 500=700$
③	计算与上层钢筋搭接长度	$l_{lE}=52d=52\times25=1\,300$
④	计算首层柱纵筋长	$L=3\,900+400-1\,200+700+1\,300=5\,100$

【计算结果】KZ1 底层柱纵筋在底层与基础插筋搭接 1 300 mm，伸出首层梁顶 700 mm 后与二层纵筋搭接 1 300 mm。柱纵筋分两批截断。

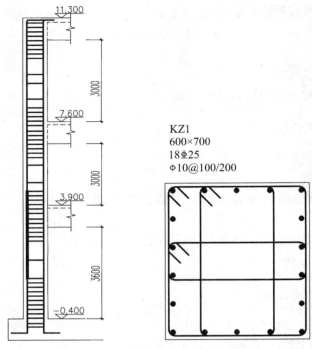

图 2-14 KZ1 平法标注底层纵筋计算简图

（三）中间层柱纵筋

中间层柱纵筋的计算公式可写为：

$$中间层柱纵筋长度=本层层高-本层非连接区+伸到上层的非链接区+$$
$$与上层钢筋搭接 l_{IE} \qquad （式2-8）$$

注：当本层与上层柱净高相等时，本层非连接区与伸到上层非连接区长度相等，此时，公式变为：

$$中间层柱纵筋长度=本层层高+与上层钢筋搭接 l_{IE} \qquad （式2-9）$$

【例2-6】根据本章案例背景计算 KZ1 中间层纵筋长度。（假设纵筋连接方式为绑扎搭接）

【分析】KZ1 计算条件见表2-7，KZ1 配筋见图2-15，KZ1 中间层纵筋的计算过程见表2-8。

表2-7 KZ1 计算条件

抗震等级	基础混凝土等级	柱混凝土等级	钢筋连接方式	梁高	基础厚度
三级	C40	C30	绑扎搭接	700	800

表2-8 KZ1 中间层柱纵筋计算过程

序号	计算步骤	计算过程
①	计算本层非连接区长	$\max(H_n/6, h_c, 500)= \max(3\,000/6, 700, 500)=700$
②	计算伸到上层非连接区长	$\max(H_n/6, h_c, 500)= \max(3\,000/6, 700, 500)=700$
③	计算与上层钢筋搭接长度	$l_{IE}=52d=52×25=1\,300$
④	计算2层柱纵筋长	$L=3\,700-700+700+1\,300=5\,000$

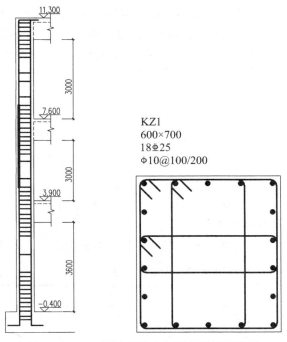

图 2-15　KZ1 平法标注中间层纵筋计算简图

【计算结果】由于二层与三层柱净高相同，因此 KZ1 的纵筋在二层的长度等于二层层高加搭接长度，等于 5 000 mm。

（四）顶层柱纵筋

根据柱所在位置的不同，将柱分为边柱、角柱、中柱，如图 2-16 所示，KZ1 为角柱，KZ2

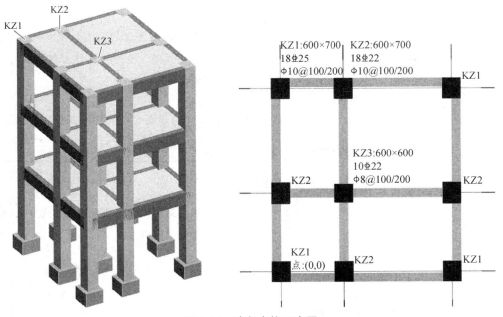

图 2-16　边角中柱示意图

为边柱，KZ3 为中柱。柱在建筑结构中所处位置不同，其纵筋在柱顶的锚固方式也不一样。其中中柱纵筋在顶层的锚固均按照 16G101—1，第 68 页所示构造，全部锚入梁或板内，所有纵筋锚固方式相同。而边柱和角柱则根据钢筋所处的位置不同，分为外侧纵筋和内侧纵筋，外侧纵筋和内侧纵筋的锚固方式不同，需分开计算。

1. 中　柱

中柱顶层纵筋长度计算公式可写为：

$$中柱顶层纵筋长 = 顶层柱净高 - 顶层非连接区 + 锚固长度 \qquad （式2-10）$$

其中

（1）顶层非连接区 $= \max(H_n/6, h_c, 500)$，H_n 为顶层柱净高。

（2）锚固长度根据锚固构造确定。

16G101—1 图集中给出了 4 种 KZ 中柱柱顶纵向钢筋构造，见表 2-9。

表 2-9　KZ 中柱柱顶纵筋构造说明

节点类型	节点大样图	节点说明
①	①	当梁高－保护层 $< l_{aE}$ 时，弯锚，即柱纵筋伸至柱顶后向柱内弯折 $12d$。 锚固长度 = 梁高－保护层 + $12d$
②	② （当柱顶有不小于100厚的现浇板）	当梁高－保护层 $< l_{aE}$，且柱顶有不小于 100 厚的现浇板时，也可将柱纵筋伸至板顶向板内弯折 $12d$。 锚固长度 = 梁高－保护层 + $12d$
③	③ 柱纵向钢筋端头加锚头（锚板）	当柱纵向钢筋端头加锚头（锚板），柱纵筋伸至柱顶截断。 锚固长度 = 梁高－保护层

节点类型	节点大样图	节点说明
④	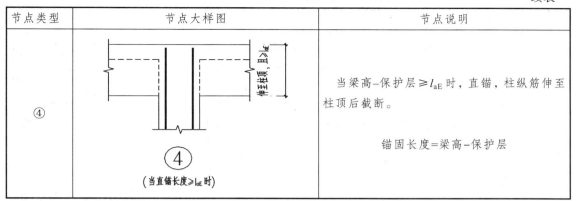 （当直锚长度≥l_{aE}时）	当梁高–保护层≥l_{aE}时，直锚，柱纵筋伸至柱顶后截断。 锚固长度=梁高–保护层

【例 2-7】根据本章案例背景计算 KZ3 顶层纵筋长度。（假设纵筋连接方式为绑扎搭接）

【分析】KZ3 为中柱，计算条件见表 2-10，KZ3 配筋见图 2-17，KZ3 顶层纵筋计算过程见表 2-11。

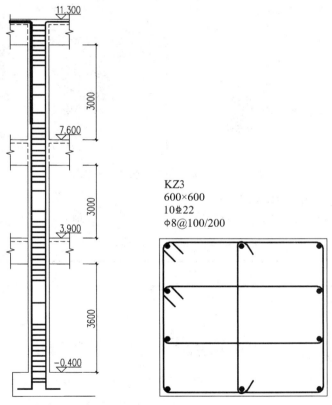

KZ3
600×600
10⾛22
Φ8@100/200

图 2-17 KZ3 平法标注顶层纵筋计算简图

表 2-10 KZ3 计算条件

抗震等级	基础混凝土等级	柱混凝土等级	钢筋连接方式	梁高	基础厚度
三级	C40	C30	绑扎搭接	700	800

表 2-11　KZ3 中柱顶层柱纵筋计算过程

序号	计算步骤	计算过程
①	计算顶层非连接区长	$\max(H_n/6, h_c, 500)=\max(3\,000/6, 600, 500)=600$
②	计算锚固长度 l_{aE}，判断锚固方式	$l_{aE}=37d=37\times22=814$，梁高－保护层＝700－30＝670≤814，弯锚
③	计算顶层纵筋长	$L=3\,000-600+700-30+12\times22=3\,334$

【计算结果】KZ3 为中柱，所有纵筋在顶层的锚固方式相同，均伸至柱顶弯锚。KZ3 纵筋在顶层的长度为 3 334 mm。

2. 边柱和角柱

边柱和角柱的钢筋分为外侧钢筋和内侧钢筋如图 2-18 所示。角柱 KZ1 中纵筋共计 18 根，其中对角线以外 10 根为外侧钢筋，对角线以内 8 根为内侧钢筋。边柱 KZ2 中共纵筋 18 根，其中边线以外 5 根为外侧钢筋，边线以内 13 根为内侧钢筋。

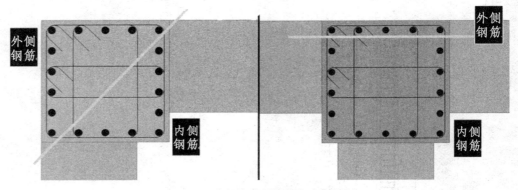

图 2-18　边角柱外侧纵筋与内侧纵筋

边角柱内侧钢筋的锚固构造同中柱。

外侧钢筋在柱顶的锚固构造可分①、②、③、④、⑤五种节点（表 2-12）。

表 2-12　KZ 边柱和角柱柱顶外侧纵筋构造说明

节点类型	节点大样图	节点说明
节点①	300 300 在柱宽范围内的柱箍筋内侧设置间距≤150，但不少于3根直径不小于10的角部附加钢筋 钢筋直径不小于10 柱外侧纵向钢筋直径不小于梁上部钢筋时，可弯入梁内作梁上部纵向钢筋 柱内侧纵筋同中柱柱顶纵向钢筋构造，见本图集第68页 ① 柱筋作为梁上部钢筋使用	当柱外侧纵筋的直径不小于梁上部钢筋时，可将柱外侧钢筋弯入梁内作为梁上部钢筋使用，且在柱宽范围内布置角部附加钢筋。 角部附加筋直径不小于10，根数不少于3，间距≤150。 角部附加筋单根长度＝300×2

节点类型	节点大样图	节点说明
节点②	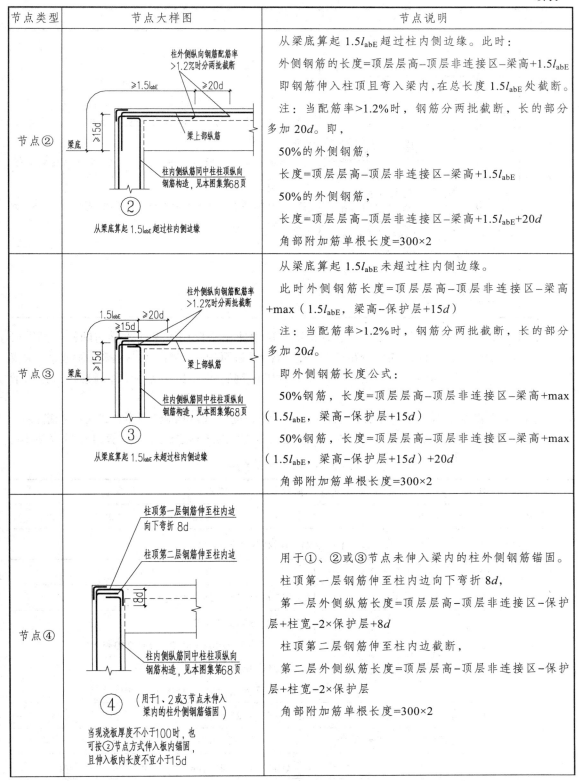	从梁底算起 $1.5l_{abE}$ 超过柱内侧边缘。此时： 外侧钢筋的长度=顶层层高−顶层非连接区−梁高+$1.5l_{abE}$ 即钢筋伸入柱顶且弯入梁内，在总长度 $1.5l_{abE}$ 处截断。 注：当配筋率>1.2%时，钢筋分两批截断，长的部分多加 $20d$。即， 50%的外侧钢筋， 长度=顶层层高−顶层非连接区−梁高+$1.5l_{abE}$ 50%的外侧钢筋， 长度=顶层层高−顶层非连接区−梁高+$1.5l_{abE}$+$20d$ 角部附加筋单根长度=300×2
节点③		从梁底算起 $1.5l_{abE}$ 未超过柱内侧边缘。 此时外侧钢筋长度=顶层层高−顶层非连接区−梁高+max（$1.5l_{abE}$，梁高−保护层+$15d$） 注：当配筋率>1.2%时，钢筋分两批截断，长的部分多加 $20d$。 即外侧钢筋长度公式： 50%钢筋，长度=顶层层高−顶层非连接区−梁高+max（$1.5l_{abE}$，梁高−保护层+$15d$） 50%钢筋，长度=顶层层高−顶层非连接区−梁高+max（$1.5l_{abE}$，梁高−保护层+$15d$）+$20d$ 角部附加筋单根长度=300×2
节点④		用于①、②或③节点未伸入梁内的柱外侧钢筋锚固。 柱顶第一层钢筋伸至柱内边向下弯折 $8d$， 第一层外侧纵筋长度=顶层层高−顶层非连接区−保护层+柱宽−2×保护层+$8d$ 柱顶第二层钢筋伸至柱内边截断， 第二层外侧纵筋长度=顶层层高−顶层非连接区−保护层+柱宽−2×保护层 角部附加筋单根长度=300×2

节点类型	节点大样图	节点说明
节点⑤	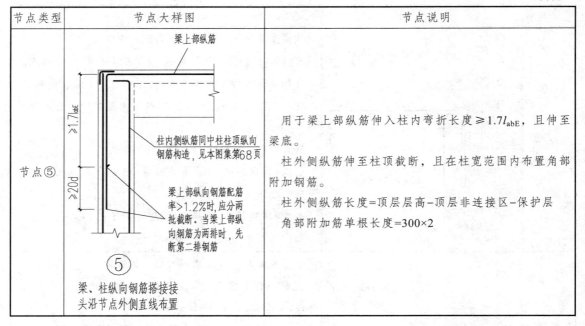	用于梁上部纵筋伸入柱内弯折长度≥1.7l_{abE}，且伸至梁底。 柱外侧纵筋伸至柱顶截断，且在柱宽范围内布置角部附加钢筋。 柱外侧纵筋长度=顶层层高−顶层非连接区−保护层 角部附加筋单根长度=300×2

使用时应将五种节点配合使用，节点④不应单独使用（仅用于未伸入梁内的柱外侧纵筋锚固），伸入梁内的柱外侧纵筋不宜少于柱外侧全部纵筋面积的 65%。可选择②+④或③+④或①+②+④或①+③+④的做法。节点⑤用于梁、柱纵向钢筋接头沿节点柱顶外侧直线布置的情况，可与节点①组合使用。

【例 2-8】根据本章案例背景计算 KZ1 顶层纵筋长度。（假设纵筋连接方式为绑扎搭接）

【分析】KZ1 计算条件见表 2-13，KZ1 配筋见图 2-19，KZ1 顶层纵筋的计算过程见表 2-14。

表 2-13　KZ1 计算条件

抗震等级	基础混凝土强度等级	柱混凝土强度等级	钢筋连接方式	梁高	基础厚度
三级	C40	C30	绑扎搭接	700	800

表 2-14　KZ1 顶层柱纵筋计算

项　目	序号	计算步骤	计算过程
10 根 外侧钢筋	①	计算 l_{abE}	l_{abE}=37d=37×25=925
	②	确定节点组合方式	1.5l_{abE}=1.5×925=1 388， 梁高+柱宽−2c=700+600−2×30=1 240<1.5l_{abE}， 选择②+④组合， 65%×10=7 根②节点，35%×10=3 根④节点
	③	计算②节点钢筋锚固长度	1.5l_{abE}=1.5×925=1 388
	④	计算④节点钢筋锚固长度	梁高−c+柱宽−2c+8d=700−30+600−2×30+8×25=1 410
	⑤	计算顶层非连接区长度	max(H_n/6, h_c, 500)= max(3 000/6, 700, 500)=700

项 目	序号	计算步骤	计算过程
10 根 外侧钢筋	⑥	计算②节点顶层纵筋长度	$L=3\,000-700+1\,388=3\,688$
	⑦	计算④节点顶层纵筋长度	$L=3\,000-700+1\,410=3\,710$
8 根 内侧钢筋	①	判断锚固方式	梁高$-c=700-30=670<l_{aE}=37\times25=925$，弯锚
	②	计算顶层内侧钢筋长度	$L=3\,000-700+700-30+12\times25=3\,270$

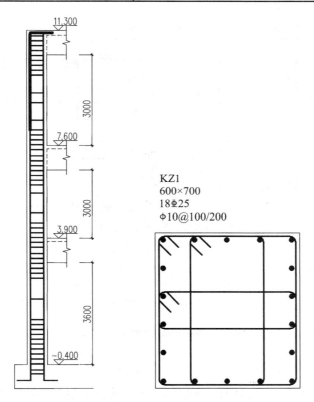

图 2-19　KZ1 平法标注顶层纵筋计算简图

【计算结果】因此，角柱 KZ1 中的 18 根纵筋，在柱顶锚固方式各不相同。7 根采用②节点锚固，顶层单根长度为 3 688 mm；3 根采用④节点锚固，顶层单根长度为 3 710 mm；其余 8 根为内侧钢筋，锚固方式同中柱，顶层单根长度为 3 270 mm。

在实际工作中，柱纵筋长度也可直接贯通计算。如本章案例中假设钢筋连接方式为焊接，则 KZ3 的纵筋工程量，可按下式计算：

$$KZ3\ 纵筋单根长=柱总高+基础厚度-基础保护层+基础内弯折-$$
$$柱顶保护层+12d \qquad\qquad （式 2-11）$$

即：KZ3 纵筋单根长 $L=11\,300+400+800-40+150-30+12\times22=12\,844$

钢筋接头 3 个。计算简图见图 2-20。

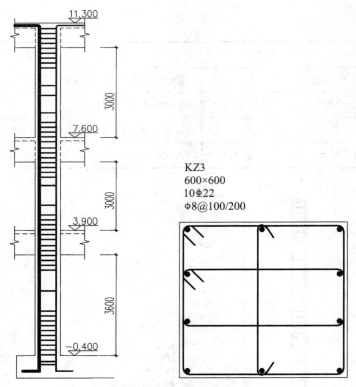

图 2-20　KZ3 平法标注纵筋贯通计算简图

2.3.2　柱箍筋计算

（一）箍筋根数

箍筋根数＝基础内箍筋＋首层箍筋＋中间层（顶层）箍筋

1. 基础内箍筋

基础内箍筋排布应满足 16G101—3 图集第 66 页的相关要求，参见图 2-10。

$$基础内箍筋根数＝（基础厚度－基础保护层－100）/间距 \qquad （式 2-12）$$

其中箍筋间距：

插筋保护层厚度>5d，间距≤500且不少于两道非复合封闭箍筋；

插筋保护层厚度≤5d，间距≤5d且≤100。（d 为插筋直径）

2. 首层箍筋根数

首层箍筋排布应满足 16G101—3 图集第 66 页和 16G101—1 图集第 65 页的相关要求，参见图 2-10、图 2-21。

$$首层箍筋根数＝[（下加密区-50）/加密间距+1]+$$
$$（搭接加密区/搭接加密间距）+（上加密区/加密间距+1）+$$
$$（中间非加密区/非加密间距-1） \qquad （式 2-13）$$

（1）下加密区长度：

当基础顶面为嵌固部位时，下加密区长度=$H_n/3$；

当基础顶面为非嵌固部位时，下加密区长度=$\max(H_n/6, h_c, 500)$。

注：H_n 为底层柱净高。

（2）搭接加密区长度：绑扎搭接长度=$2.3l_{lE}$；机械或焊接长度=0。

（3）搭接加密间距：$\min(100, 5d)$，d 为搭接钢筋最小直径。

（4）上加密区长度：梁高+$\max(H_n/6, h_c, 500)$。

（5）非加密区长度：层高−下加密区长度−上加密区长度−搭接加密区长度。

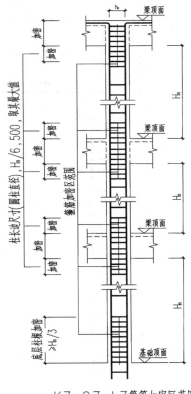

KZ、QZ、LZ箍筋加密区范围

（QZ嵌固部位为墙顶面，LZ嵌固部位为梁顶面）

图 2-21　KZ 箍筋加密区范围

3. 中间层及顶层箍筋根数

中间层及顶层箍筋分布应满足 16G101—1 图集第 65 页的相关要求，参见图 2-21。

$$中间层及顶层箍筋根数 = [（下加密区-50）/加密间距+1]+$$
$$（搭接加密区/搭接加密间距）+$$
$$（上加密区/加密间距+1）+$$
$$（中间非加密区/非加密间距-1）\qquad （式 2-14）$$

（1）下加密区长度：$\max(H_n/6, h_c, 500)$。

（2）搭接加密长度：绑扎搭接长度=$2.3l_{lE}$；机械或焊接长度=0。

（3）搭接加密间距：$\min(100, 5d)$，d 为搭接钢筋最小直径。

（4）上加密区长度：梁高+$\max(H_n/6, h_c, 500)$。

（5）非加密区长度：层高−下加密区长度−上加密区长度−搭接加密区长度。

【例2-9】根据本章案例背景计算 KZ1 箍筋根数。（假设纵筋连接方式为机械连接）

【分析】KZ1 内箍筋根数计算可分为基础内箍筋、首层箍筋、中间层及顶层箍筋，箍筋加密区分布见图2-22。具体计算过程见表2-15。

表2-15　KZ1 箍筋根数计算过程

序号	箍筋位置	计算过程
①	基础内箍筋根数	$n_0=(800-40-100)/500=2$
②	首层箍筋根数	$n_1=[(1\,200-50)/100+1]+(1\,400/100+1)+(1\,700/200-1)=36$
③	2 层箍筋根数	$n_2=[(700-50)/100+1]+(1\,400/100+1)+(1\,600/200-1)=30$
④	3 层箍筋根数	$n_3=n_2=30$

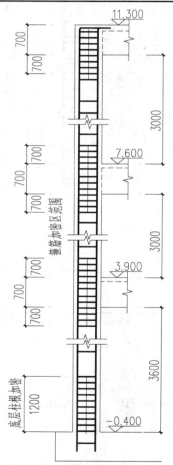

图 2-22　KZ1 箍筋加密区分布图

【计算结果】KZ1 内箍筋在基础内有 2 根，为矩形非复合箍筋；基础以上共计 36+30+30=96 根，均为 4×4 矩形复合箍筋。

（二）箍筋长度

以一个 5×4 的复合箍筋为例，如图 2-23 所示。

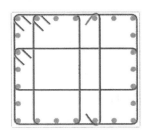 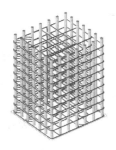

图 2-23　5×4 复合箍筋

每种箍筋的长度计算简图如图 2-24 所示。

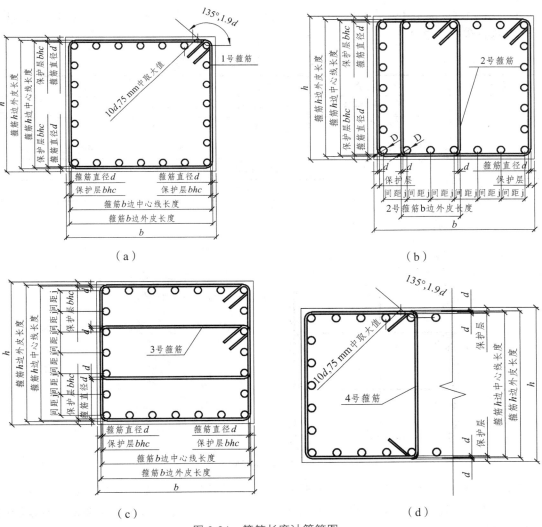

图 2-24　箍筋长度计算简图

1 号箍筋[图 2-24-（a）]：

$$长度=2(b+h)-8×保护层+19.8d \qquad （式 2-15）$$

2 号箍筋[图 2-24-（b）]：

$$长度=[(b-2c-2d-D)/(b 边纵筋根数-1)×$$
$$间距 j 数+D+d]×2+(h-2c-d)×2+23.8d \qquad （式 2-16）$$

3 号箍筋[图 2-24-（c）]：

$$长度=[(h-2c-2d-D)/(h 边纵筋根数-1)×$$
$$间距 j 数+D+d]×2+(b-2c-d)×2+23.8d \qquad （式 2-17）$$

4 号单肢箍[图 2-24-（d）]

$$长度=(h-2c+d)+23.8d \qquad （式 2-18）$$

【例 2-10】根据本章案例背景计算 KZ3 箍筋长度。

【分析】KZ3 为 3×4 复合箍筋（图 2-25），由外围大矩形箍，横向小矩形箍和单肢箍组成。具体计算过程见表 2-16。

表 2-16　KZ3 箍筋长度计算过程

计算步骤	箍筋类型	计算过程
①	外围大矩形箍	长度=2×(600+600)-8×30+19.8×8=2 318
②	横向小矩形箍	长度=[(600-2×30-2×8-22)/(4-1)×1+22+8] × 2+(600-2×30-8)×2+23.8×8=1 649
③	单肢箍	长度=(600-2×30+8)+23.8×8=738
④	复合箍单根长度	$L=2\ 318+1\ 649+738=4\ 705$

KZ3
600×600
10Φ22
Φ8@100/200

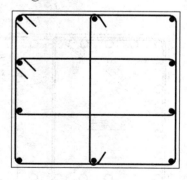
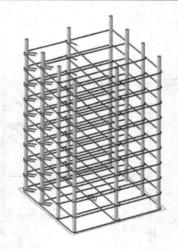

图 2-25　KZ3 箍筋类型

【计算结果】KZ3 的箍筋为 3×4 矩形复合箍筋，外围大矩形箍单根长度 2 318 mm，横向小矩形箍单根长度 1 649 mm，单肢箍单根长度 738 mm，因此，每根 3×4 矩形复合箍筋的长度为 4 705 mm。

【课堂实训】

已知：该建筑为四层，一层和二层层高 4.5 m，三层和四层层高 3.6 m，室内地坪设计标高为±0.00 m，柱基与柱的分界线为设计标高-0.60 m。全部框架梁的梁高均为 700 mm，基础板厚 1.2 m，基础插筋弯折长度 300 mm，柱混凝土强度等级 C30，基础保护层 40 mm，柱保护层 30 mm，梁保护层 25 mm，钢筋连接方式为绑扎搭接，绑扎搭接 40d。计算图 2-26 所示 KZ1 的钢筋工程量。

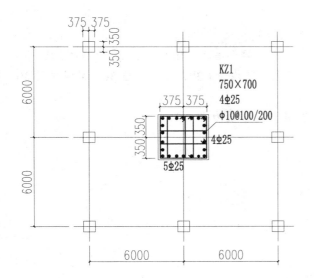

层号	顶面标高/m	梁（基础）高/mm
4（顶层）	+16.20	700
3	+12.60	700
2	+9.0	700
1	+4.5	700
基础	-0.60	1 200

图 2-26　KZ1 平法施工图

任务三　梁平法识图与钢筋算量

【案例背景】

某二层框架结构，建筑模型如图 3-1 所示，首层梁平法施工图见图 3-2。该结构抗震等级三级，所有柱截面均为 600×600，未标明的混凝土强度均为 C30，柱保护层 30，梁保护层 30，现浇板保护层 15。

思考：该结构梁构件的钢筋型号有哪些？各自工程量为多少？

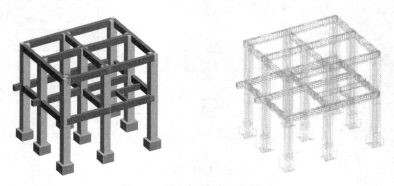

图 3-1　某框架结构建筑模型

层号	顶标高	层高	梁高
2	7.6	3.7	700
1	3.9	3.9	700
基础	-0.4		基础厚度 800

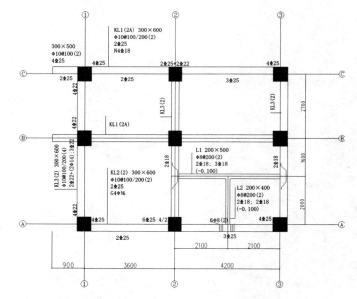

图 3-2　首层梁平法施工图

3.1 梁内钢筋的组成

根据 16G101—1 图集中的规定，混凝土结构中的梁可分为楼层框架梁、楼层框架扁梁、屋面框架梁、框支梁、托柱转换梁、非框架梁、悬挑梁和井字梁 8 种类型（图 3-3）。

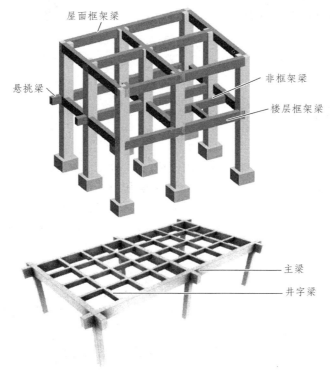

图 3-3　梁类型示意图

以楼层框架梁为例，梁中的钢筋组成主要分为纵筋、箍筋以及附加钢筋（表 3-1，图 3-4）。

表 3-1　梁内钢筋组成

纵筋	上部钢筋	上部通长筋
		端支座负筋
		中间支座负筋
		架立筋
	侧部钢筋	构造筋
		抗扭筋
		拉筋
	下部钢筋	伸入支座
		不伸入支座
箍筋	箍筋	
附加钢筋	吊筋	
	附加箍筋	

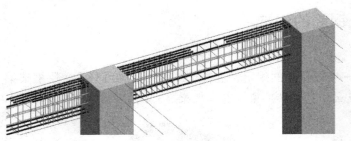

图 3-4 梁钢筋骨架示意图

3.2 梁平法识图

梁平法施工图系在梁平面布置图上采用平面注写方式或截面注写方式表示。梁平面布置图，应分别按梁的不同结构层（标准层），将全部梁和与其相关联的柱、墙、板一起采用适当比例绘制。在梁平法施工图中，尚应按 16G101—1 图集相关规定注明各结构层的顶面标高及相应的结构层号。对于轴线未居中的梁，应标注其偏心定位尺寸（贴柱边的梁可不注写）。

3.2.1 平面注写

平面注写方式，系在梁平面布置图上，分别在不同编号的梁中各选一根梁，在其上注写截面尺寸和配筋具体数值来表达梁平法施工图。

平面注写包括集中标注与原位标注，集中标注表达梁的通用数值，原位标注表达梁的特殊数值。当集中标注中的某项数值不适用于梁的某部位时，则将该项数值原位标注，施工时，原位标注取值优先（图 3-5）。

在图 3-5 中的四个梁截面系采用传统表示方法绘制，用于对比按平面注写方式表达的同样内容。实际采用平面注写方式表示时，不需绘制梁截面配筋图和图 3-5 中的相应截面号。

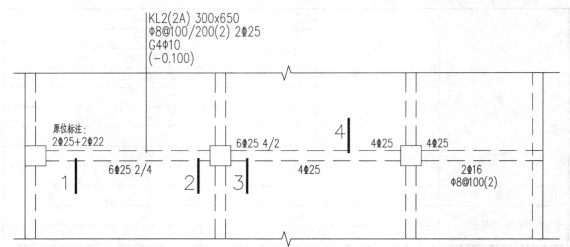

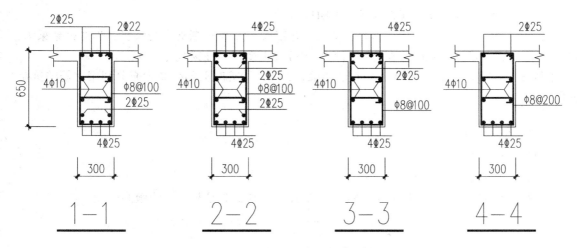

图 3-5　梁平面注写方式示例

（一）梁集中标注

梁集中标注一般有六项内容：梁编号、梁截面尺寸、梁箍筋、梁上部通长筋或架立筋、梁侧面钢筋和梁顶面标高高差。

1. 梁编号

该项为必注值。梁编号由梁类型代号、序号、跨数及有无悬挑代号几项组成，并应符合表 3-2 的规定。

表 3-2　梁　编　号

梁类型	代号	序号	跨数及是否带有悬挑
楼层框架梁	KL	××	（××）、（××A）或（××B）
楼层框架扁梁	KBL	××	（××）、（××A）或（××B）
屋面框架梁	WKL	××	（××）、（××A）或（××B）
框支梁	KZL	××	（××）、（××A）或（××B）
托柱转换梁	TZL	××	（××）、（××A）或（××B）
非框架梁	L	××	（××）、（××A）或（××B）
悬挑梁	XL	××	（××）、（××A）或（××B）
井字梁	JZL	××	（××）、（××A）或（××B）

在表 3-2 中，应注意：

（1）（××A）为梁一端有悬挑，（××B）为两端有悬挑，悬挑不计入跨数。

【例 3-1】KL1（2A）表示第 1 号楼层框架梁，2 跨，一端有悬挑（图 3-6）；L9（7B）表示第 9 号非框架梁，7 跨，两端有悬挑。

图 3-6　带悬挑端的梁

（2）楼层框架扁梁节点核心区代号 KBH。

（3）在 16G101—1 图集中，非框架梁 L、井字梁 JZL 表示端支座为铰接；当非框架梁 L、井字梁 JZL 端支座上部纵筋为充分利用钢筋的抗拉强度时，在梁代号后加"g"。

【例 3-2】Lg7（5）表示第 7 号非框架梁，5 跨，端支座上部纵筋为充分利用钢筋的抗拉强度。

2. 梁截面尺寸

该项为必注值。

当梁为等截面梁时，用 $b \times h$ 表示。

当梁为竖向加腋梁时，用 $b \times h$ $\ Yc_1 \times c_2$ 表示，其中 c_1 为腋长，c_2 为腋高（图 3-7）。

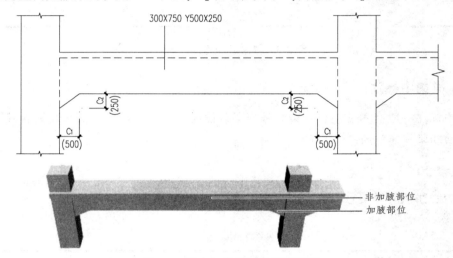

图 3-7　竖向加腋截面注写示意图

当梁为水平加腋梁时，一侧加腋时用 $b \times h$ PY$c_1 \times c_2$ 表示，其中 c_1 为腋长，c_2 为腋宽，加腋部位应在平面图中绘制（图 3-8）。

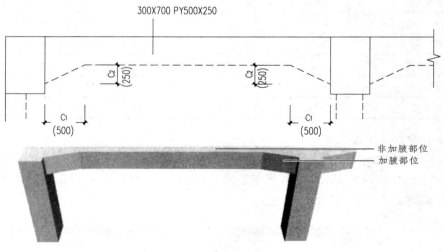

图 3-8　水平加腋截面注写示意图

当有悬挑梁且根部和端部的高度不同时，用斜线 "/" 分隔根部与端部的高度值，即为 $b \times h_1/h_2$（图 3-9）。

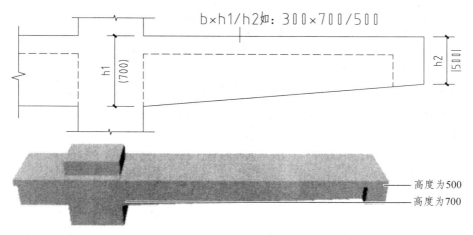

图 3-9 悬挑梁不等高截面注写示意图

3. 梁箍筋

该项为必注值。包括钢筋级别、直径、加密区与非加密区间距及肢数（图 3-10）。

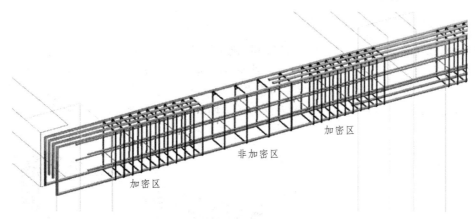

图 3-10 梁箍筋加密区示意图

箍筋加密区与非加密区的不同间距及肢数需用斜线 "/" 分隔；当梁箍筋为同一种间距及肢数时，则不需用斜线；当加密区与非加密区的箍筋肢数相同时，则将肢数注写一次；箍筋肢数应写在括号内。加密区范围见相应抗震等级的标准构造详图。

【例 3-3】Φ10@100/200（4），表示箍筋为 HPB300 钢筋，直径为 10，加密区间距为 100，非加密区间距为 200，均为四肢箍。

Φ8@100（4）/150（2），表示箍筋为 HPB300 钢筋，直径为 8，加密区间距为 100，四肢箍；非加密区间距为 150，两肢箍。

非框架梁、悬挑梁、井字梁采用不同的箍筋间距及肢数时，也用 "/" 将其分隔开来。注写时，先注写梁支座端部的箍筋（包括箍筋的箍数、钢筋级别、直径、间距与肢数），在斜线后注写梁跨中部分的箍筋间距及肢数。

【例3-4】13φ10@150/200（4），表示箍筋为HPB300钢筋，直径为10；梁的两端各有13个四肢箍，间距为150；梁跨中部分间距为200，四肢箍。

18φ12@150（4）/200（2），表示箍筋为HPB300钢筋，直径为12；梁的两端各有18个四肢箍，间距为150；梁跨中部分，间距为200，双肢箍。

4. 梁上部通长筋或架立筋

该项为必注值。梁上部通长筋或架立筋配置（通长筋可为相同或不同直径采用搭接连接、机械连接或焊接的钢筋），所注规格与根数应根据结构受力要求及箍筋肢数等构造要求而定。当同排纵筋中既有通长筋又有架立筋时，应用加号"+"将通长筋和架立筋相联。注写时需将角部纵筋写在加号的前面，架立筋写在加号后面的括号内，以示不同直径及与通长筋的区别。当全部采用架立筋时，则将其写入括号内。

【例3-5】2Φ22用于双肢箍；2Φ22+（4φ12）用于六肢箍，其中2Φ22为通长筋，4φ12为架立筋。

当梁的上部纵筋和下部纵筋为全跨相同，且多数跨配筋相同时，此项可加注下部纵筋的配筋值，用分号";"将上部与下部纵筋的配筋值分隔开来，少数跨不同者，按16G101图集相关规则处理。

【例3-6】3Φ22；3Φ20表示梁的上部配置3Φ22的通长筋，梁的下部配置3Φ20的通长筋。

5. 梁侧面钢筋

该项为必注值。包括梁侧面纵向构造钢筋和受扭钢筋的配置。

当梁腹板高度 $h_w \geqslant 450$ mm 时，需配置纵向构造钢筋，所注规格与根数应符合规范规定。此项注写值以大写字母G打头，接续注写设置在梁两个侧面的总配筋值，且对称配置。

【例3-7】G4φ12，表示梁的两个侧面共配置4φ12的纵向构造钢筋，每侧各配置2φ12（图3-11）。

图3-11 梁侧面钢筋配置

当梁侧面需配置受扭纵向钢筋时，此项注写值以大写字母N打头，接续注写配置在梁两个侧面的总配筋值，且对称配置。受扭纵向钢筋应满足梁侧面纵向构造钢筋的间距要求，且不再重复配置纵向构造钢筋。

【例3-8】N6Φ22，表示梁的两个侧面共配置6Φ22的受扭纵向钢筋，每侧各配置3Φ22。

注意：（1）当为梁侧面构造钢筋时，其搭接与锚固长度可取为15d。

（2）当为梁侧面受扭纵向钢筋时，其搭接长度为 l_1 或 l_{lE}，锚固长度为 l_a 或 l_{aE}；其锚固方式同框架梁下部纵筋。

6. 梁顶面标高高差

该项为选注值。梁顶面标高高差系相对于结构层楼面标高的高差值，对于位于结构夹层的梁，则指相对于结构夹层楼面标高的高差。有高差时，需将其写入括号内，无高差时不注写。

注：当某梁的顶面高于所在结构层的楼面标高时，其标高高差为正值，反之为负值。

【例 3-9】本章案例中首层楼层标高 3.900 m，首层梁平法施工图中 L1 的梁顶面标高高差注写为（-0.100），即表明该梁 L1 顶面标高相对于 3.900 m 低 0.1 m，该梁 L1 的顶面标高为 3.800 m（图 3-12）。

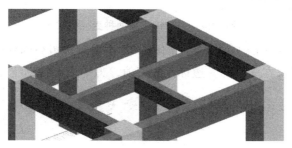

图 3-12　梁顶面高差示意图

（二）梁原位标注

1. 梁支座上部纵筋

该部位注写含梁上部通长筋在内的所有纵筋：

（1）当上部纵筋多于一排时，用斜线"/"将各排纵筋自上而下分开。

【例 3-10】梁支座上部纵筋注写为 6Φ25 4/2，则表示上一排纵筋为 4Φ25，下一排纵筋为 2Φ25（图 3-13）。

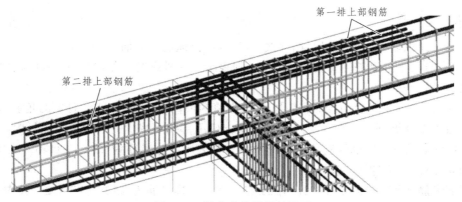

图 3-13　梁支座负筋钢筋配置

（2）当同排纵筋有两种直径时，用加号"+"将两种直径的纵筋相联，注写时将角部纵筋写在前面。

【例 3–11】梁支座上部有四根纵筋，2Φ25 放在角部，2Φ22 放在中间，在梁支座上部应注写为 2Φ25+2Φ22（图 3–14）。

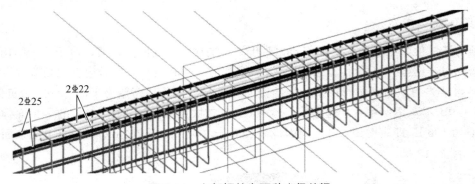

图 3-14　上部钢筋有两种直径的梁

（3）当梁中间支座两边的上部纵筋不同时，须在支座两边分别标注；当梁中间支座两边的上部纵筋相同时，可仅在支座的一边标注配筋值，另一边省去不注（图 3–15）。

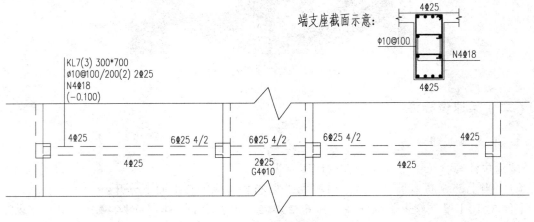

图 3-15　大小跨梁的注写示意图

2. 梁下部纵筋

（1）当下部纵筋多于一排时，用斜线"/"将各排纵筋自上而下分开。

【例 3–12】梁下部纵筋注写为 6Φ25 2/4，则表示上一排纵筋为 2Φ25，下一排纵筋为 4Φ25，全部伸入支座。

（2）当同排纵筋有两种直径时，用加号"+"将两种直径的纵筋相联，注写时角筋写在前面。

（3）当梁下部纵筋不全伸入支座时，将梁支座下部纵筋减少的数量写在括号内。

【例 3–13】梁下部纵筋注写为 6Φ25(-2)/4，则表示上排纵筋为 2Φ25，且不伸入支座；下排纵筋为 4Φ25，全部伸入支座。

梁下部纵筋注写为 2Φ25+3Φ22(-3)/5Φ25，表示上排纵筋为 2Φ25 和 3Φ22，其中 3Φ22 不伸入支座；下排纵筋为 5Φ25，全部伸入支座。

（4）当梁的集中标注已按规则分别注写了梁上部和下部均为通长的纵筋值时，则不需在梁下部重复做原位标注。

（5）当梁设置竖向加腋时，加腋部分下部斜纵筋应在支座下部以 Y 打头注写在括号内，16G101—1 图集中框架梁竖向加腋构造适用于加腋部位参与框架梁计算的情况，其他情况设计者应另行给出构造。当梁设置水平加腋时，水平加腋内上、下部斜纵筋应在加腋支座上部以 Y 打头注写在括号内，上下部斜纵筋之间用"/"分隔。

3. 其　他

当在梁上集中标注的内容（即梁截面尺寸、箍筋、上部通长筋或架立筋、梁侧面纵向构造钢筋或受扭纵向钢筋，以及梁顶面标高高差中的某一项或几项数值）不适用于某跨或某悬挑部分时，则将其不同数值原位标注在该跨或该悬挑部位，施工时应按原位标注数值取用。

当在多跨梁的集中标注已经注明加腋，而该梁某跨的根部却不需要加腋时，则应在该跨原位标注等截面的 $b×h$，以修正集中标注中的加腋信息（图 3-16、图 3-17）。

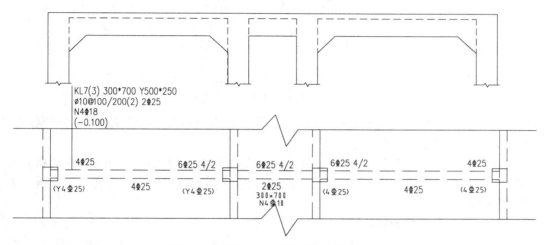

图 3-16　梁竖向加腋平面注写方式示例

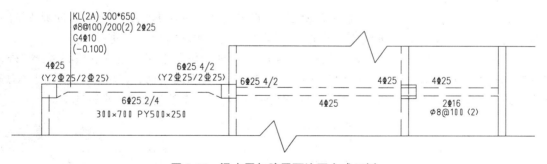

图 3-17　梁水平加腋平面注写方式示例

4. 附加箍筋或吊筋

将其直接画在平面图中的主梁上，用线引注总配筋值（附加箍筋的肢数注写在括号内）。当多数附加箍筋或吊筋相同时，可在梁平法施工图上统一注明，少数与统一注明值不同时，再原位引注（图 3-18）。

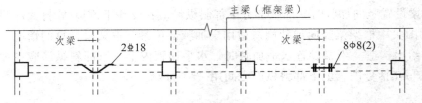

图 3-18　附加箍筋和吊筋的画法示例

（三）框架扁梁

框架扁梁注写规则同框架梁，对于上部纵筋和下部纵筋，尚需注明未穿过柱截面的纵向受力钢筋根数。

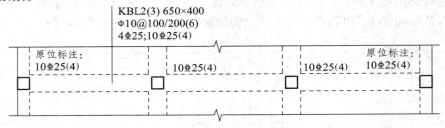

图 3-19　框架扁梁平面注写方式示例

【例 3-14】10⌀25（4）表示框架扁梁有 4 根纵向受力钢筋未穿过柱截面，柱两侧各 2 根，施工时，应注意采用相应的构造做法（图 3-19）。

框架扁梁节点核心区代号为 KBH，包括柱内核心区和柱外核心区两部分。框架扁梁节点核心区钢筋注写包括柱外核心区竖向拉筋及节点核心区附加纵向钢筋，端支座节点核心区尚需注写附加 U 形箍筋。

柱内核心区箍筋见框架柱箍筋。

柱外核心区竖向拉筋，注写其钢筋级别与直径；端支座柱外核心区尚需注写附加 U 形箍筋的钢筋级别、直径及根数。

框架扁梁节点核心区附加纵向钢筋以大写字母 F 打头，注写其设置方向（X 向或 Y 向）、层数、每层的钢筋根数、钢筋级别、直径及未穿过柱截面的纵向受力钢筋根数。

【例 3-15】KBH1 ⌀10，F X&Y 2×7⌀14（4），表示框架扁梁中间支座节点核心区：柱外核心区竖向拉筋 ⌀10；沿梁 X 向（Y 向）配置两层 7⌀14 附加纵向钢筋，每层有 4 根纵向受力钢筋未穿过柱截面，柱两侧各 2 根；附加纵向钢筋沿梁高度范围均匀布置[图 3-20-（a）]。

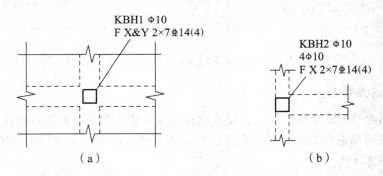

图 3-20　框架扁梁节点核心区附加钢筋注写方式示意

【例 3-16】KBH2 Φ10，4Φ10，F X 2×7Φ14（4），表示框架扁梁端支座节点核心区：柱外核心区竖向拉筋 Φ10；附加 U 形箍筋共 4 道，柱两侧各 2 道；沿框架扁梁 X 向配置两层 7Φ14 附加纵向钢筋，有 4 根纵向受力钢筋未穿过柱截面，柱两侧各 2 根；附加纵向钢筋沿梁高度范围均匀布置[图 3-20-（b）'］。

（四）井字梁

井字梁通常由非框架梁组成，并以框架梁为支座（特殊情况下以专门设置的非框架梁为支座）。在此情况下，为明确区分井字梁与作为井字梁支座的梁，井字梁用单粗虚线表示（当井字梁顶面高出板面时可用单粗实线表示），作为井字梁支座的梁用双细虚线表示（当梁顶面高出板面时可用双细实线表示）。

16G101 图集中规定的井字梁系在同一矩形平面内相互正交所组成的结构构件，井字梁所分布范围称为"矩形平面网格区域"（简称"网格区域"）。当在结构平面布置中仅有由四根框架梁框起的一片网格区域时，所有在该区域相互正交的井字梁均为单跨；当有多片网格区域相连时，贯通多片网格区域的井字梁为多跨，则相邻两片网格区域分界处即为该井字梁的中间支座。对某根井字梁编号时，其跨数为其总支座数减 1；在该梁的任意两个支座之间，无论有几根同类梁与其相交，均不作为支座（图 3-21）。

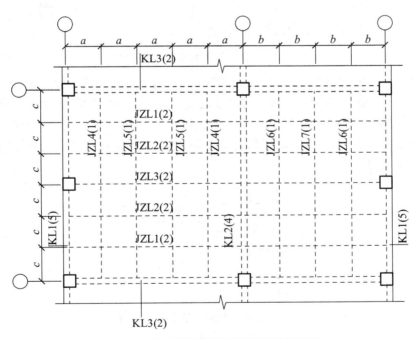

图 3-21　井字梁矩形平面网格区域示意图

设计者应注明纵横两个方向梁相交处同一层面钢筋的上下交错关系（指梁上部或下部的同层面交错钢筋何梁在上何梁在下），以及在该相交处两方向梁箍筋的布置要求。

井字梁的端部支座和中间支座上部纵筋的伸出长度 a_0 值，应由设计者在原位加注具体数值予以注明。

当采用平面注写方式时，则在原位标注的支座上部纵筋后面括号内加注具体伸出长度值（图3-22）。

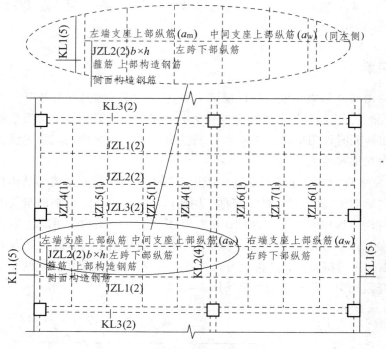

图 3-22　井字梁平面注写方式示例

【例3-17】贯通两片网格区域采用平面注写方式的某井字梁，其中间支座上部纵筋注写为6Φ25 4/2（3 200/2 400），表示该位置上部纵筋设置两排，上一排纵筋为4Φ25，自支座边缘向跨内伸出长度3 200；下一排纵筋为2Φ25，自支座边缘向跨内伸出长度为2 400。

当采用截面注写方式时，则在梁端截面配筋图上注写的上部纵筋后面括号内加注具体伸出长度值（图3-23）。

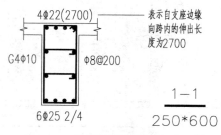

图 3-23　井字梁截面注写方式示例

在梁平法施工图中，当局部梁的布置过密时，可将过密区用虚线框出，适当放大比例后再用平面注写方式表示。

3.2.2　截面注写

截面注写方式，系在分标准层绘制的梁平面布置图上，分别在不同编号的梁中各选择一根梁用剖面号引出配筋图,并在其上注写截面尺寸和配筋具体数值来表达梁平法施工图。

对所有梁按表 3-2 的规定进行编号,从相同编号的梁中选择一根梁,先将"单边截面号"画在该梁上,再将截面配筋详图画在本图或其他图上。当某梁的顶面标高与结构层的楼面标高不同时,尚应继其梁编号后注写梁顶面标高高差(注写规定与平面注写方式相同)。

在截面配筋详图上注写截面尺寸 $b \times h$、上部筋、下部筋、侧面构造筋或受扭筋以及箍筋的具体数值时,其表达方式与平面注写方式相同。

对于框架扁梁尚需在截面详图上注写未穿过柱截面的纵向受力筋根数、对于框架扁梁节点核心区附加钢筋,需采用平、剖面图表达节点核心区附加纵向钢筋、柱外核心区全部竖向拉筋以及端支座附加 U 形箍筋,注写其具体数值。

截面注写方式既可以单独使用,也可与平面注写方式结合使用。

3.2.3 梁平法识图示例

本节案例给出的某工程"15.870~26.670 梁平法施工图",表达了该建筑第 5~8 层梁钢筋配置。其建筑三维模型见图 3-24。

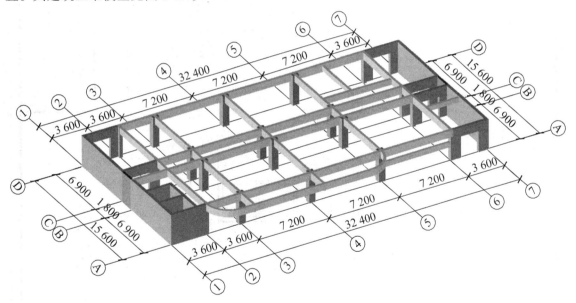

图 3-24 某结构 15.870~26.670 梁三维模型

该段楼层中 KL1 集中标注表示:1 号楼层框架梁,4 跨,两端无悬挑;梁宽 300,梁高 700;箍筋为直径 10 mm 的 HPB300 钢筋,箍筋加密区间距 100,非加密区间距 200,两肢箍;上部通长筋为 2Φ25;侧面构造纵向钢筋为 4Φ10。

KL1 原位标注如平法图所示,第 4 跨左支座处上部纵筋共 8Φ25,分两排,每排各 4 根;右支座上部纵筋共 8Φ25,分两排,每排各 4 根;下部纵筋共 7Φ25,分两排,第一排 2 根,第二排 5 根,全部伸入支座;第四跨侧面筋与集中标注不同,为受扭纵向钢筋 4Φ16;第 4 跨主梁与次梁节点处配置吊筋 2Φ18。

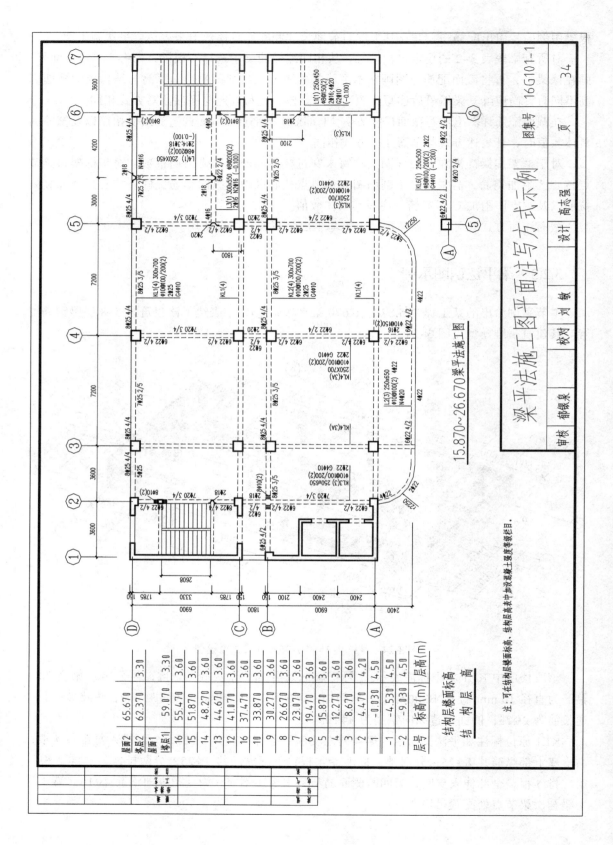

15.870~26.670 梁平法施工图

梁平法施工图平面注写方式示例

| 图集号 | 16G101-1 |
| 审核 | 郁银泉 | | 校对 | 刘敏 | | 设计 | 高志强 | 页 | 34 |

注：可在结构层楼面标高、结构层高表中加设混凝土强度等级栏目。

结构层楼面标高 结构层高

屋面2		65.670		3.30
塔层2		62.370		3.60
屋面1 (塔层1)	16	59.070		3.60
	15	55.470		3.60
	14	51.870		3.60
	13	48.270		3.60
	12	44.670		3.60
	11	41.070		3.60
	10	37.470		3.60
	9	33.870		3.60
	8	30.270		3.60
	7	26.670		3.60
	6	23.070		3.60
	5	19.470		3.60
	4	15.870		3.60
	3	12.270		4.20
	2	8.670		4.50
	1	4.470		4.50
	-1	-0.030		4.50
	-2	-4.530		
		-9.030		
层号	标高(m)	层高(m)

结构层高

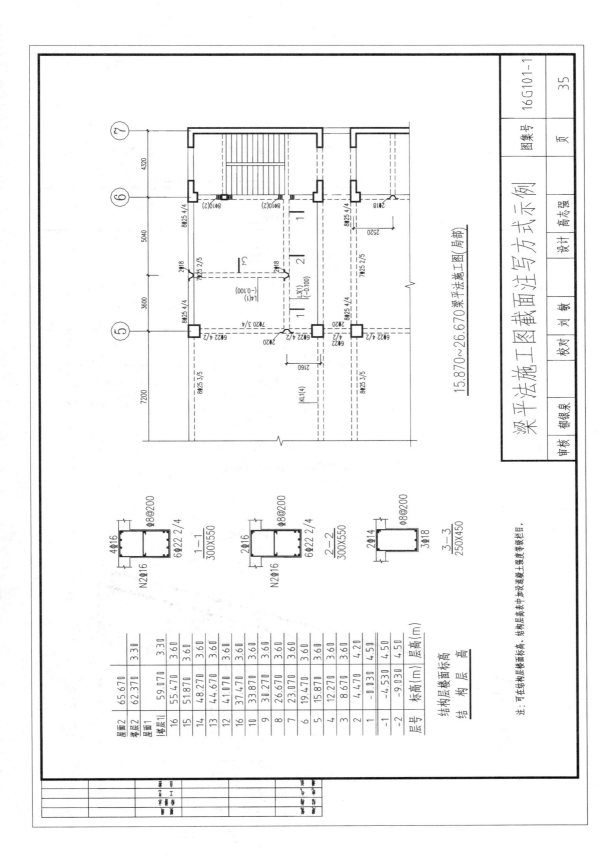

3.3 梁钢筋算量

3.3.1 楼层框架梁

根据 16G101—1 图集相关规定，楼层框架梁的纵向钢筋构造应满足图 3-25 的要求。

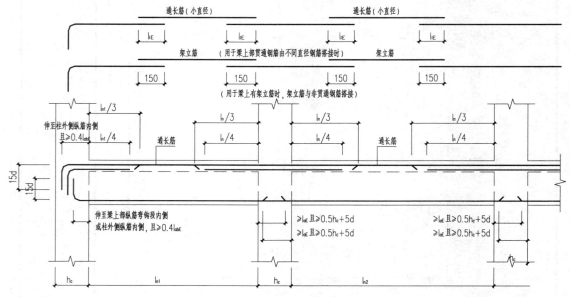

图 3-25 楼层框架梁纵向钢筋构造

（一）上部通长筋

梁上部通长筋为贯通梁跨的上部纵筋，其三维示意图如图 3-26 所示。

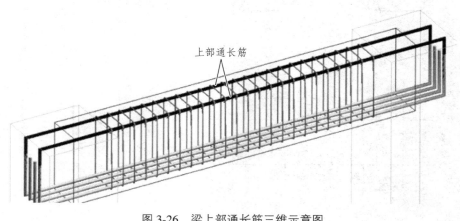

图 3-26 梁上部通长筋三维示意图

上部通长筋单根长度=左支座锚固+净跨长+
右支座锚固+搭接长度 （式 3-1）

计算步骤：

（1）根据图集计算锚固长度 l_{aE}。

（2）判断锚固方式：

支座宽−保护层≥锚固长度 l_{aE}，直锚；

支座宽−保护层<锚固长度 l_{aE}，弯锚。

（3）计算两端锚固长度：

直锚时，钢筋伸入支座内不弯折，伸入长度=max(l_{aE}, $0.5h_c+5d$)；

弯锚时，钢筋伸入支座外侧边缘并向下弯折 15d，锚固长度=h_c−保护层+15d。

（4）计算上部通长筋长度。

（5）钢筋接头个数=（上部通长筋长度/定尺长度）向上取整−1。

（6）计算包含搭接的上部通长筋单根长度。

【例 3-18】计算本章案例背景中 KL3 的上部通长筋单根长度。（假设钢筋连接方式为绑扎搭接）

【分析】KL3 为楼层框架梁，其上部通长筋为 2Φ22；其三维模型见图 3-27，计算条件见表 3-3，上部通长筋的计算过程见表 3-4。

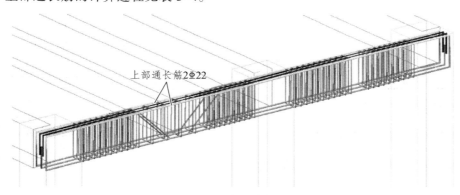

图 3-27　KL3 上部通长筋三维模型

表 3-3　KL3 上部通长筋计算条件

混凝土强度等级	梁保护层厚度	抗震等级	钢筋连接方式	柱截面尺寸	钢筋定尺长度
C30	30	三级	绑扎搭接	600×600	8 m

表 3-4　KL3 上部通长筋计算过程

序号	计算步骤	计算过程
①	计算锚固长度 l_{aE}	$l_{aE}=37d=37×22=814$
②	判断锚固方式	$h_c-c=600-30=570<l_{aE}=814$，左右支座均弯锚
③	计算支座锚固长度	$h_c-c+15d=600-30+15×22=900$
④	上部通长筋长度	900+5 700+900=7 500
⑤	接头个数	7 500<8 000，无接头
⑥	上部通长筋单根长度	$L=7\ 500$

【计算结果】KL3 上部通长筋为 2 根直径 22 的 HRB400 钢筋，每根长度 7 500 mm。

（二）端支座负筋

端支座负筋为不贯通梁跨，伸入梁跨内一部分后截断的上部纵筋，其三维模型见图 3-28，在支座处的锚固构造做法见图 3-29。

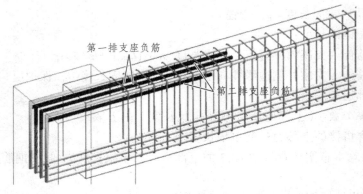

图 3-28　梁端支座负筋三维示意图

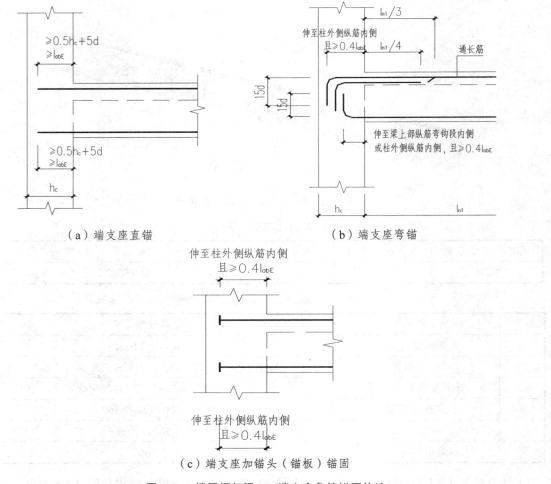

（a）端支座直锚　　　　　　　　　　　（b）端支座弯锚

（c）端支座加锚头（锚板）锚固

图 3-29　楼层框架梁 KL 端支座负筋锚固构造

端支座负筋单根长度计算公式：

$$第一排长度=左/右支座锚固+净跨长/3 \qquad （式3-2）$$
$$第二排长度=左/右支座锚固+净跨长/4 \qquad （式3-3）$$

注：第一排全部为通长筋，负筋只在第二排时，负筋伸出支座净跨长/3。

计算步骤：

（1）判断端支座锚固方式。

（2）计算锚固长度。

（3）按公式算负筋长度。

【例3-19】计算本章案例背景中KL3的第一跨端支座负筋单根长度。

【分析】KL3为楼层框架梁，其左端支座A上部钢筋只有一排，配筋4Φ22，其中有2根为上部通长筋，其余2根为支座负筋；计算条件见表3-5，端支座负筋的计算过程见表3-6。

表3-5 KL3 左端支座负筋计算条件

混凝土强度等级	梁保护层厚度	抗震等级	钢筋连接方式	柱截面尺寸	钢筋定尺长度
C30	30	三级	绑扎搭接	600×600	8 m

表3-6 KL3 左端支座负筋计算过程

序号	计算步骤	计算过程
①	计算锚固长度 l_{aE}	$l_{aE}=37d=37×22=814$
②	判断锚固方式	$h_c-c=600-30=570<l_{aE}=814$，弯锚
③	计算支座锚固长度	$h_c-c+15d=600-30+15×22=900$
④	端支座负筋长度	$L=900+3\,000/3=1\,900$

【计算结果】KL3第一跨端支座负筋有2根，每根长度1 900 mm。

（三）中间支座负筋

中间支座负筋的三维模型见图3-30，在支座处的锚固构造做法见图3-31。

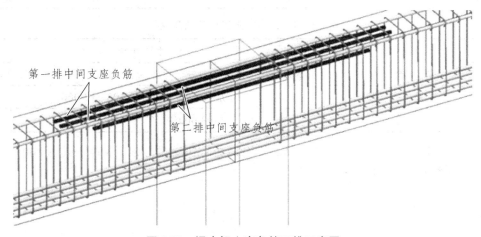

第一排中间支座负筋

第二排中间支座负筋

图3-30 梁中间支座负筋三维示意图

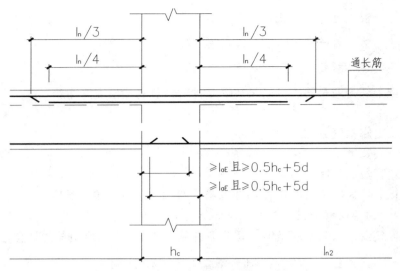

图 3-31　楼层框架梁 KL 中间支座负筋锚固构造

梁中间支座负筋单根长度计算公式：

第一排 = max(左跨净跨长，右跨净跨长)/3 +中间支座宽+

max(左跨净跨长，右跨净跨长)/3　　　　　　　　（式 3-4）

第二排 = max(左跨净跨长，右跨净跨长)/4 +中间支座宽+

max(左跨净跨长，右跨净跨长)/4　　　　　　　　（式 3-5）

【例 3-20】计算本章案例背景中 KL2 的中间支座负筋单根长度。

【分析】KL2 为楼层框架梁，其中间支座②上部钢筋为 6Φ25 4/2，其中有 2 根为上部通长筋在第一排，其余 4 根为支座负筋，分两排，第一排 2 根，第二排 2 根；计算条件见表 3-7，中间支座负筋的计算过程见表 3-8。

表 3-7　KL2 中间支座负筋计算条件

混凝土强度等级	梁保护层厚度	抗震等级	钢筋连接方式	柱截面尺寸	钢筋定尺长度
C30	30	三级	绑扎搭接	600×600	8 m

表 3-8　KL2 中间支座负筋计算过程

序号	计算步骤	计算过程
①	计算左右两跨净长的最大值	Max (左跨净跨长，右跨净跨长) = max (3 000, 3 600)=3 600
②	计算第一排长度	L_1=3 600/3+600+3 600/3=3 000
③	计算第二排长度	L_2=3 600/4+600+3 600/4=2 400

【计算结果】KL2 中间支座负筋有 4 根，分两排；第一排 2 根，每根长度 3 000 mm,；第二排 2 根，每根长度 2 400 mm。

（四）架立筋

梁架立筋三维模型见图 3-32，在支座处的构造做法见图 3-33。

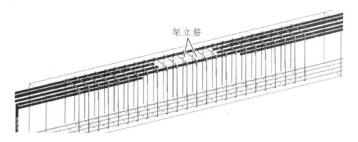

图 3-32 梁架立筋三维示意图

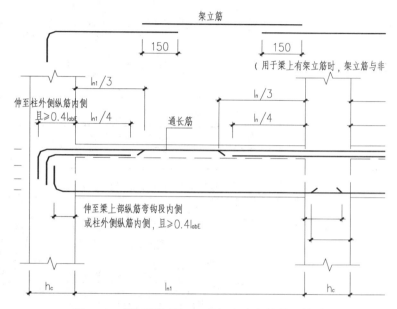

图 3-33 楼层框架梁 KL 中间支座负筋锚固构造

梁架立筋单根长度计算公式：

$$长度 = 净跨长 - 左负筋伸出支座长度 - 右负筋伸出支座长度 + 2 \times 150 \qquad (式 3-6)$$

【例 3-21】计算本章案例背景中 KL3 第一跨架立筋单根长度。

【分析】KL3 为楼层框架梁，其架立筋为 2Φ14；计算条件见表 3-9，架立筋的计算过程见表 3-10。

表 3-9 KL3 架立筋计算条件

混凝土强度等级	梁保护层厚度	抗震等级	钢筋连接方式	柱截面尺寸	钢筋定尺长度
C30	30	三级	绑扎搭接	600×600	8 m

表 3-10 KL3 架立筋计算过程

序号	计算步骤	计算过程
①	计算左负筋伸出支座长度	3 000/3=1 000
②	计算右负筋伸出支座长度	max(3 000,2 100)/3=1 000
③	计算架立筋长度	3 000-1 000-1 000+2×150=1 300

【计算结果】KL3 架立筋为 2 根直径 14 mm 的 HPB300 钢筋，在第一跨，每根长度为 1 300 mm。

（五）下部钢筋

1. 两端伸入支座的下部钢筋（锚固构造见图3-25）

$$长度=左支座锚固+净跨长+右支座锚固 \qquad （式3-7）$$

注：（1）分跨计算，在中间支座处直锚，锚固长度=max（l_{aE}，$0.5h_c+5d$）；

（2）两端支座的锚固方式需要判断是弯锚还是直锚，与上部通长筋判断方式相同。

【例3-22】计算本章案例背景中 KL3 下部纵筋长度。

【分析】KL3 为楼层框架梁，其下部纵筋在梁两跨均为 3Φ22；计算条件见表 3-11，下部纵筋的计算过程见表 3-12。

表 3-11　KL3 下部纵筋计算条件

混凝土强度等级	梁保护层厚度	抗震等级	柱截面尺寸
C30	30	三级	600×600

表 3-12　KL3 下部纵筋计算过程

序号	计算步骤	计算过程
①	计算锚固长度 l_{aE}	$l_{aE}=37d=37×22=814$
②	判断锚固方式	$h_c-c=600-30=570<l_{aE}=814$，A、C 支座均弯锚
③	计算端支座锚固长度	$h_c-c+15d=600-30+15×22=900$
④	计算中间支座锚固长度	$max(l_{aE}, 0.5h_c+5d)=max(814,0.5×600+5×22)=814$
⑤	计算第一跨下部纵筋单根长度	$900+3\ 000+814=4\ 714$
⑥	计算第二跨下部纵筋单根长度	$814+2\ 100+900=3\ 814$

【计算结果】KL3 下部纵筋为 3 根直径 22 mm 的 HRB400 钢筋，在梁每跨分别锚固，第一跨下部纵筋单根长度为 4 714 mm，第二跨下部纵筋单根长度为 3 814 mm。应注意，在有些算量软件中默认为下部纵筋在中间支座处贯通，不单独锚固。

2. 两端不伸入支座的下部钢筋（锚固构造见图3-34）

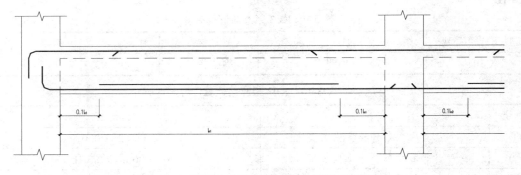

图 3-34　不伸入支座的梁下部纵筋断点位置

应注意，框支梁和框架扁梁不适用图 3-34 的下部纵筋构造。

不伸入支座的下部钢筋长度可按式 3-8 计算。

$$长度 = 净跨长 - 0.1 \times 净跨长 \times 2 = 0.8 净跨长 \qquad （式 3-8）$$

（六）侧面钢筋

（1）构造筋

当梁腹板高度 ≥ 450 mm 时，应配置构造筋，间距 ≤ 200，搭接和锚固长度均可取 $15d$。

$$构造筋长度 = 15d + 净跨长 + 15d \qquad （式 3-9）$$

【例 3-23】计算本章案例背景中 KL2 侧面构造筋长度。

【分析】KL2 为楼层框架梁，其侧面构造筋为 4Φ16；计算条件见表 3-13，构造筋的计算过程见表 3-14。

表 3-13　KL2 侧面构造筋计算条件

混凝土强度等级	梁保护层厚度	抗震等级	柱截面尺寸	锚固长度
C30	30	三级	600×600	$15d$

表 3-14　KL2 侧面构造筋计算过程

序号	计算步骤	计算过程
①	计算第一跨构造筋单根长度	15×16×2+3 000=3 480
②	计算第二跨构造筋单根长度	15×16×2+3 600=4 080

【计算结果】KL2 的侧面配置 4 根直径 16 mm 的 HPB300 作为构造钢筋，分两排，每排两根，每根长度在第一跨为 3 480 mm，在第二跨为 4 080 mm。也可将构造筋贯通中间支座计算。

（2）受扭筋

当受扭筋直径 ≥ 构造筋直径时，受扭筋可以代替构造筋。搭接和锚固分别取 l_{lE}、l_{aE}。

$$抗扭筋长度 = l_{aE} + 净跨长 + l_{aE} \qquad （式 3-10）$$

【例 3-24】计算本章案例背景中 KL1 侧面受扭筋长度。

【分析】KL1 为楼层框架梁，其侧面受扭纵向钢筋为 4Φ18；计算条件见表 3-15，受扭筋的计算过程见表 3-16。

表 3-15　KL1 侧面受扭筋计算条件

混凝土强度等级	梁保护层厚度	抗震等级	柱截面尺寸	锚固长度
C30	30	三级	600×600	$37d$

表 3-16　KL1 侧面受扭筋计算过程

序号	计算步骤	计算过程
①	计算锚固长度 l_{aE}	$l_{aE}=37d=37×18=666$
②	计算第一跨受扭筋单根长度	666×2+3 000=4 332
③	计算第二跨受扭筋单根长度	666×2+3 600=4 932

【计算结果】KL1 的侧面配置 4 根直径 18 mm 的 HRB400 作为受扭纵向钢筋，分两排，每排两根，每根长度在第一跨为 4 332 mm，在第二跨为 4 932 mm。也可将受扭筋贯通中间支座计算。

（七）拉　筋

拉筋的钢筋配置在平法施工图中不需标注，施工时按 16G101—1 图集标准构造施工。当梁宽≤350 mm 时，拉筋直径为 6 mm，梁宽>350 mm 时，拉筋直径为 8 mm；拉筋间距为非加密区箍筋间距的 2 倍。当设有多排拉筋时，上下两排拉筋竖向错开设置（图 3-35）。

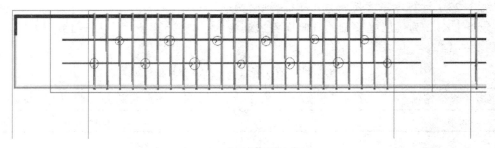

图 3-35　梁侧面拉筋构造

因此，拉筋的计算公式可以写为：

$$拉筋根数 = [(净跨长 - 50 \times 2) / 拉筋间距 + 1] \times 排数 \qquad （式 3-11）$$

$$拉筋长度 = 梁宽 - 2 \times 保护层 + d + 23.8d \qquad （式 3-12）$$

【例 3-25】计算本章案例背景中 KL1 拉筋工程量。

【分析】KL1 为楼层框架梁，其侧面拉筋三维模型如图 3-36 所示，计算条件见表 3-17，拉筋工程量的计算过程见表 3-18。

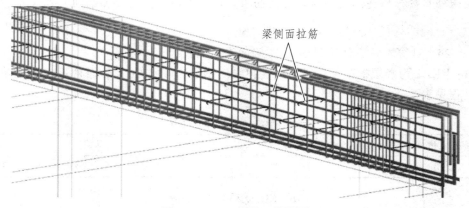

图 3-36　KL1 拉筋三维模型

表 3-17　KL1 拉筋计算条件

主梁宽	拉筋直径	拉筋间距	拉筋排数
300	Φ6	400	两排

表 3-18　KL1 拉筋计算过程

序号	计算步骤	计算过程
①	计算拉筋单根长度	300−2×30 +6+23.8×6=389
②	计算第一跨拉筋根数	[(3 000−50×2)/400+1]×2=18
③	计算第二跨拉筋根数	[(3 600−50×2)/400+1]×2=20
④	计算 KL1 拉筋工程量	389×(18+20)×0.222/1 000=3.28 kg

注：实际施工过程中常以直径 6.5 mm 钢筋取代直径 6 mm 钢筋。

【计算结果】KL1 的侧面配置 4 根受扭纵向钢筋，分两排，因此拉筋也为两排，两跨拉筋共计 38 根，每根长度 389 mm。

（八）箍　筋

16G101—1 图集对框架梁内箍筋的构造要求见图 3-37。框架梁的箍筋在梁每跨两端加密布置，跨中不加密，支座内不设梁箍筋，每跨第一根和最后一根箍筋距离支座 50 mm。

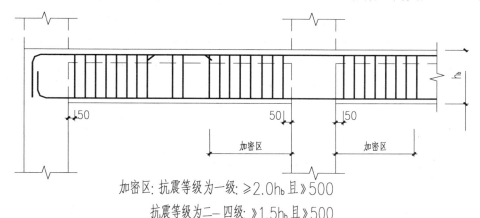

加密区: 抗震等级为一级:≥2.0h_b且≫500

抗震等级为二–四级:≫1.5h_b且≫500

图 3-37　框架梁箍筋加密区范围

（1）箍筋根数

$$箍筋根数=[(加密区长度−50)/加密间距+1]×2+$$
$$(非加密区长度/非加密间距−1)　　　　　　（式 3-13）$$

其中，加密区长度：一级抗震：$\max(2h_b, 500)$；

二~四级抗震：$\max(1.5h_b, 500)$。

非加密区长度=净跨长−加密区长度×2

（2）箍筋长度

$$箍筋长度=2(b+h)-8×保护层+19.8d　　　　　　（式 3-14）$$

【例 3-26】计算本章案例背景中 KL2 箍筋工程量。

【分析】KL2 为楼层框架梁，其箍筋为 $\Phi10@100/200$（2）；箍筋三维模型见图 3-38，计算条件见表 3-19，箍筋的计算过程见表 3-20。

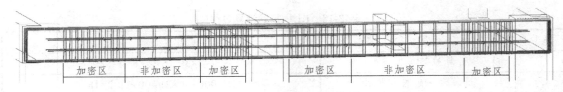

图 3-38　KL2 箍筋三维模型

表 3-19　KL2　箍筋计算条件

混凝土强度等级	梁保护层厚度	抗震等级	柱截面尺寸
C30	30	三级	600×600

表 3-20　KL2 箍筋计算过程

序号	计算步骤	计算过程
①	计算箍筋单根长度	2×(300+600)−8×30+19.8×10=1 758
②	计算箍筋加密区长度	max(1.5×600, 500)=900
③	计算第一跨非加密区长度	3 000−900×2=1 200
④	计算第一跨箍筋根数	[(900−50)/100+1]×2+(1 200/200−1)=25
⑤	计算第二跨非加密区长度	3 600−900×2=1 800
⑥	计算第二跨箍筋根数	[(900−50)/100+1]×2+(1 800/200−1)+6=34
⑦	计算 KL2 箍筋工程量	1 758×(25+34)×0.617/1 000=64.00 kg

　　【计算结果】KL2 箍筋在梁每跨两端进行加密布置，加密区箍筋间距为 100，跨中非加密布置，非加密区箍筋间距 200；第一跨箍筋 25 根，第二跨箍筋 34 根，KL2 共计箍筋 59 根，每根箍筋长度为 1 758 mm。

（九）吊　筋

　　16G101—1 图集中对吊筋的构造要求见图 3-39。

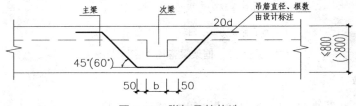

图 3-39　附加吊筋构造

　　吊筋的根数应在图纸中标明。吊筋长度计算公式可写为：

$$长度=(次梁宽 b+50×2)+[(主梁高−保护层×2)/\sin\alpha]×2+$$
$$(20d×2) \hspace{4em} （式 3-15）$$

　　注：当主梁高≥800，α=60°；当主梁高<800，α=45°。

　　【例 3-27】计算本章案例背景中 L1 附加吊筋的工程量。

　　【分析】L1 为非框架梁，其支座为 KL3，主梁高 600，α=45°，吊筋为 2⊈18。吊筋三维模型见图 3-40。计算过程如下：

　　吊筋单根长度=(200+50×2)+[(600−30×2)/sin45°]×2+(20×18×2)=2 548 mm

　　吊筋工程量=2 548×(2+2)×1.998/1 000=20.36 kg

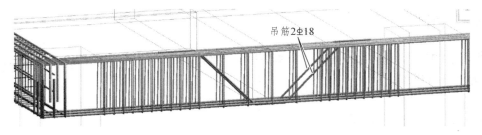

图 3-40　L1 吊筋三维模型

【计算结果】非框架梁 L1 与主梁 KL3 交界处，L1 两端 KL3 上各设置 2 根直径 18 的 HRB335 吊筋，两侧共计 4 根，每根吊筋长度为 2 548 mm。

（十）变截面梁

楼层框架梁在中间支座处如遇变截面，可依据 16G101—1 图集中第 87 页的④~⑥节点，标准构造及说明见表 3-21。

表 3-21　楼层框架梁在变截面处构造说明

节点编号	节点详图	构造说明
④	$\geq l_{aE}$且$\geq 0.5h_c+5d$ $\geq 0.4l_{bE}$ Δh （可直锚） 1.5d （可直锚） Δh h_c 锚固构造同上部钢筋	梁有高差，且 $\Delta h/(h_c-50)>1/6$ 时，上部钢筋高位筋在支座处弯锚 $15d$，低位筋在支座处直锚 $\max(l_{aE}, 0.5h_c+5d)$；下部钢筋锚固构造同上部钢筋
⑤	50 Δh Δh 50 h_c	梁有高差，且 $\Delta h/(h_c-50)\leq 1/6$ 时，梁纵向钢筋在支座处可连续布置，不需断开锚固
⑥	1.5d 1.5d （可直锚） （可直锚） $\geq 0.4l_{abE}$	支座两侧梁宽度不同时，中间可贯通的钢筋连续布置，无法贯通时，在支座处断开并弯锚 $15d$

3.3.2 悬挑梁

悬挑梁的钢筋构造在 16G101—1 图集中有详细说明。本书仅以梁带悬挑端节点①（图 3-41）为例进行讲解。

（一）上部第一排纵筋

悬挑部分的上部纵筋，第一排可分为两部分：至少 2 根角筋，且不少于第一排纵筋根数的一半的纵筋伸至悬挑末端并向下弯折不小于 12d；其余纵筋按图 3-41 要求向下弯折。

注：当上部钢筋只有一排，且悬挑端净长 $l<4h_b$ 时，上部钢筋可不在端部弯下，全部伸至悬挑端外端，向下弯折 12d。

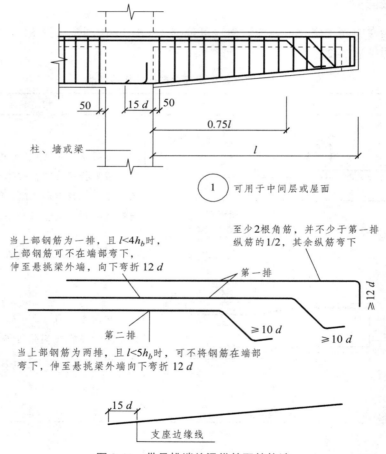

图 3-41　带悬挑端的梁纵筋配筋构造

（二）上部第二排纵筋

悬挑部分的上部纵筋，第二排在悬挑端 0.75l 处向下弯折，并沿梁底弯折至少 10d。

注：当上部钢筋为两排，且 $l<5h_b$ 时，可不将钢筋在端部弯下，伸至悬挑梁外端向下弯折 12d。

（三）下部钢筋

悬挑端下部钢筋在支座处直锚 $15d$，并伸至悬挑梁外端截断。

注：当悬挑梁根部与框架梁梁底齐平时，底部相同直径的纵筋可拉通设置。

（四）悬挑端箍筋

悬挑端箍筋的计算同框架梁。

【例3-28】计算本章案例背景中KL1悬挑部分的钢筋工程量。

【分析】KL1为楼层框架梁带一端悬挑，悬挑部分梁截面尺寸300×500，上部钢筋为4Φ25，其中两根与跨内上部通长筋贯通，另外两根与①支座负筋贯通，下部钢筋为2Φ25，箍筋为Φ10@100（2）；计算条件见表3-22，悬挑部分的钢筋工程量计算过程见表3-23。

表3-22　KL1悬挑部分钢筋量计算条件

混凝土强度等级	梁保护层厚度	抗震等级	钢筋连接方式	柱截面尺寸	钢筋定尺长度
Φ30	30	三级	绑扎搭接	600×600	8 m

表3-23　KL1悬挑部分钢筋量计算过程

序号	计算步骤	计算过程
①	计算锚固长度 l_{aE}	$l_{aE}=37d=37\times25=925$
②	判断上部通长筋在③支座的锚固方式	$H_c-c=600-30=570<l_{aE}=925$，左右支座均弯锚
③	计算③支座锚固长度	$h_c-c+15d=600-30+15\times25=945$
④	上部通长筋长度	$900-30+12\times25+3\,600+4\,200-300+945=9\,615>8$ m，钢筋接头1个，接头长度 $l_{lE}=52\times25=1\,300$
⑤	支座①负筋单根长度	$900-30+12\times25+300+3\,000/3=2\,470$
⑥	悬挑部分下部纵筋单根长度	$15\times25+900-300-30=945$
⑦	悬挑部分箍筋根数	$(900-300-50-30)/100+1=7$ 根
⑧	悬挑部分箍筋单根长度	$2\times(300+500)-8\times30+19.8\times10=1\,558$

【计算结果】KL1悬挑端净长 $l=600<4h_b=4\times600$；上部钢筋可不在端部弯下，全部伸至悬挑端外端，向下弯折12d，另一侧与跨内上部钢筋贯通。4根直径25 mm的HRB400上部钢筋，2根与上部通长筋贯通，单根长度为 $9\,615+1\,300=10\,915$ mm；另外两根与支座①负筋贯通，单根长度为2 470 mm。2根直径25 mm的HRB400下部纵筋，单根长度为945 mm，在支座①内锚固。悬挑部分箍筋有7根，每根长度为1 558 mm。

3.3.3　屋面框架梁

屋面框架梁的配筋构造除上部钢筋外，基本同楼层框架梁（图3-42）。

可见，抗震屋面框架梁的上部纵筋在端支座处需弯折至梁底，不能直锚。且应配置角部附加钢筋，角部附加钢筋构造要求见顶层柱节点详图。

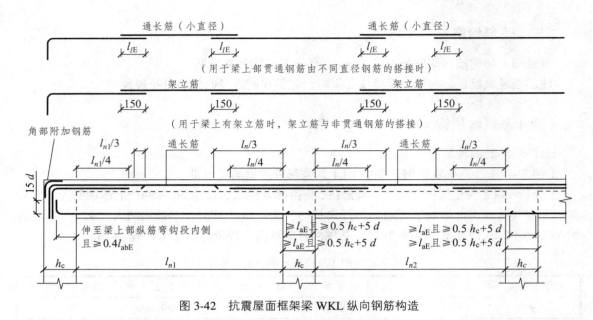

图 3-42　抗震屋面框架梁 WKL 纵向钢筋构造

【例 3-29】计算本章案例背景中 WKL1 的上部通长筋单根长度。该结构屋面梁平法施工图如图 3-43 所示。

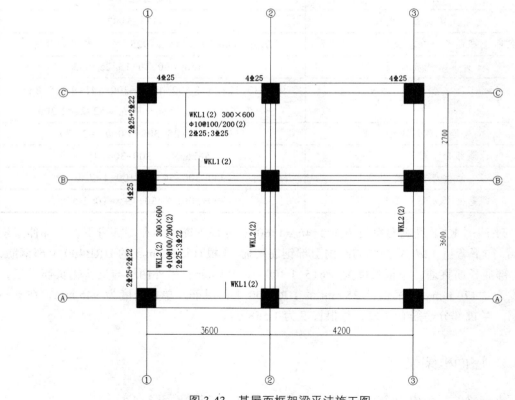

图 3-43　某屋面框架梁平法施工图

【分析】WKL1 为屋面框架梁，其上部通长筋为 2⤷25；计算条件见表 3-24，上部通长筋的计算过程见表 3-25。

表 3-24　WKL1 上部通长筋计算条件

混凝土强度等级	梁保护层厚度	抗震等级	钢筋连接方式	柱截面尺寸	钢筋定尺长度
C30	30	三级	绑扎搭接	600×600	8 m

表 3-25　WKL1 上部通长筋计算过程

序号	计算步骤	计算过程
①	计算支座①和支座③处锚固长度	600−30+600−30=1 140
②	上部通长筋长度	1 140+3 600−300+4 200−300+1 140=9 480
③	接头个数	9 480>8 m，接头 1 个
④	上部通长筋单根长度	$L=9\ 480+52×25=10\ 780$

【计算结果】WKL1 为屋面框架梁，2 根直径 25 mm 的 HRB400 上部通长筋在两端支座内需弯锚至梁底，锚固长度每端各 1 140 mm，上部通长筋单根长度为 10 780 mm。

屋面框架梁在中间支座处如遇变截面，可依据 16G101—1 图集中第 87 页的①~③节点，标准构造及说明见表 3−26。

表 3-26　屋面框架梁在变截面处构造说明

节点编号	节点详图	构造说明
①		梁顶相平，梁底有高差，且 $\Delta h/(h_c-50)>1/6$ 时，下部纵筋高位筋直锚 $\max(l_{aE}, 0.5h_c+5d)$；低位筋在支座处弯锚 $15d$。 $\Delta h/(h_c-50)\leqslant1/6$ 时，梁底纵向钢筋可贯通
②		梁底相平，梁顶有高差，上部纵筋低位筋直锚 $\max(l_{aE}, 0.5h_c+5d)$；高位筋在支座处弯锚 $\Delta h+l_{aE}$
③		支座两侧梁宽度不同时，中间可贯通的钢筋连续布置，无法贯通时，在支座处断开并弯锚，上部纵筋弯锚 l_{aE}，下部纵筋弯锚 $15d$

3.3.4 非框架梁

非框架梁的配筋构造见图 3-44，计算规则见表 3-27。

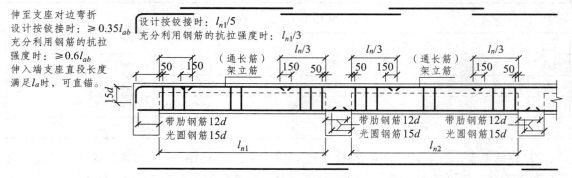

图 3-44 非框架梁配筋构造

当非框架梁的支座宽度无法满足下部钢筋在支座处直锚条件时，可弯锚，弯锚构造见图 3-45。

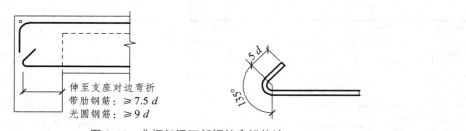

图 3-45 非框架梁下部钢筋弯锚构造

表 3-27 非框架梁钢筋计算规则

端支座锚固长度	弯锚：主梁宽$-c+15d$
	直锚：l_a
负筋伸出支座长度	端支座：$l_n/5$（设计按铰接时） $l_n/3$（充分利用钢筋抗拉强度时）
	中间支座：l_n
架立筋	与负筋搭接 150 mm
下部纵筋支座锚固	带肋钢筋：$12d$
	光圆钢筋：$15d$
	无法满足直锚条件，可伸至支座对边弯折 135°

【例 3-30】计算本章案例背景中 L1 的上部通长筋单根长度和下部纵筋单根长度。

【分析】L1 为非框架梁，其上部通长筋为 2⌀18；下部纵筋为 3⌀18。计算条件见表 3-28，计算过程见表 3-29。

表 3-28 L1 计算条件

混凝土强度等级	梁保护层厚度	抗震等级	钢筋连接方式	柱截面尺寸	钢筋定尺长度
C30	30	三级	绑扎搭接	600×600	8 m

表 3-29　L1 计算过程

序号	计算步骤	计算过程
①	计算锚固长度 l_a	$l_a=35d=35\times18=630$
②	判断锚固方式	$H_c-c=300-30=270<l_a=630$，左右支座均弯锚
③	计算支座锚固长度	$h_c-c+15d=300-30+15\times18=540$
④	上部通长筋长度	$540+4\,200-150+540=5\,130$
⑤	下部纵筋锚固方式	$12\times18=216<300-30=270$，直锚
⑥	下部纵筋单根长度	$216+4\,200-150+216=4\,482$

【计算结果】非框架梁 L1 上部通长筋 2 根，每根长度 5 130 mm；下部纵筋 3 根，每根长度 4 482 mm。

【课堂实训】

如图 3-46 所示，KL1 抗震等级二级，梁混凝土强度等级 C25，其他未注明混凝土强度等级 C30，梁柱保护层均为 30，钢筋直径≥18 时采用焊接，直径<18 时绑扎搭接，钢筋定尺长度 9 m，求 KL1 钢筋工程量。

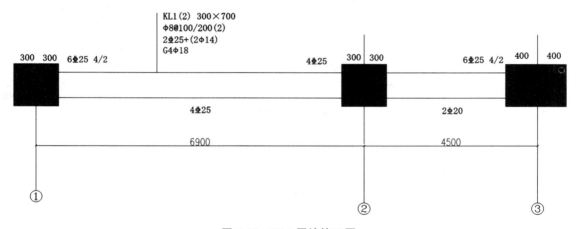

图 3-46　KL1 平法施工图

任务四　　现浇板平法识图与钢筋算量

【案例背景】

　　某二层框架结构，建筑模型如图4-1所示，首层楼面板平法施工图见图4-2。图中所有柱截面均为600×600，梁截面及配筋见任务三中图3-2。未标明的混凝土强度均为C30，柱保护层30，梁保护层30，现浇板保护层15。未注明分布筋为Φ8@200，抗温度筋为Φ8@150。

　　思考：该结构现浇板构件的钢筋型号有哪些？各自工程量为多少？

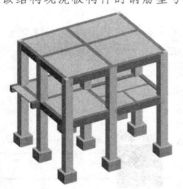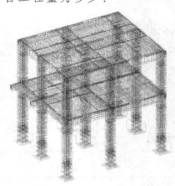

图4-1　某框架结构建筑三维图

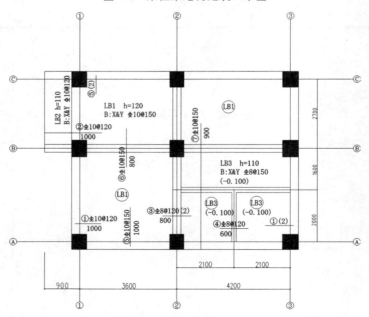

图4-2　首层板平法施工图

4.1 现浇板内钢筋的组成

根据 16G101—1 图集中的规定，混凝土结构中的现浇板可分为有梁楼盖板和无梁楼盖板两种（表 4-1、图 4-3）。

表 4-1　现浇板类型

有梁楼盖板	楼面板
	屋面板
	悬挑板
无梁楼盖板	柱上板带
	跨中板带

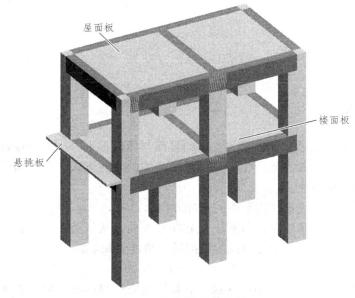

图 4-3　有梁楼盖板类型

以有梁楼盖板为例，其钢筋类型见表 4-2、图 4-4。

表 4-2　有梁楼盖板钢筋类型

贯通受力筋	底　筋
	面　筋
负　筋	边支座
	中间支座
	跨板支座
分布筋	分布筋
温度筋	温度筋
其他钢筋	马凳筋、洞口加筋、放射筋

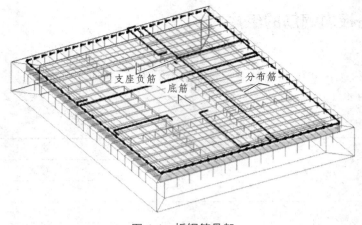

图 4-4　板钢筋骨架

4.2　板平法识图

4.2.1　有梁楼盖

有梁楼盖的制图规则适用于以梁为支座的楼面与屋面板平法施工图设计。有梁楼盖平法施工图系在楼面板和屋面板布置图上，采用平面注写的表达方式。板平面注写主要包括板块集中标注和板支座原位标注。

在平法施工图纸中，规定结构平面的坐标方向为：

（1）当两向轴网正交布置时，图面从左至右为 X 向，从下至上为 Y 向。

（2）当轴网转折时，局部坐标方向顺轴网转折角度做相应转折。

（3）当轴网向心布置时，切向为 X 向，径向为 Y 向。

此外，对于平面布置比较复杂的区域，如轴网转折交界区域、向心布置的核心区域等，其平面坐标方向应由设计者另行规定并在图上明确表示。

（一）板块集中标注

板块集中标注的内容包括：板块编号、板厚、上部贯通纵筋、下部纵筋，以及当板面标高不同时的标高高差。

1. 板块编号

16G101—1 图集规定，对于板块的界定，普通楼面板两向均以一跨为一板块；对于密肋楼盖，两向主梁（框架梁）均以一跨为一板块（非主梁密肋不计）。所有板块应逐一编号，相同编号的板块可择其一做集中标注，其他仅注写置于圆圈内的板编号，以及当板面标高不同时的标高高差。

板块编号按表 4–3 的规定注写。

表 4-3　板块编号

板类型	代号	序号
楼面板	LB	××
屋面板	WB	××
悬挑板	XB	××

2. 板　厚

板厚注写为 $h=×××$（表示垂直于板面的厚度）；当悬挑板的端部改变截面厚度时，用斜线分隔根部与端部的高度值，注写为 $h=×××/×××$；当设计已在图注中统一注明板厚时，此项可不注。

3. 纵　筋

纵筋按板块的下部纵筋和上部贯通纵筋分别注写（当板块上部不设贯通纵筋时则不注），并以 B 代表下部纵筋，以 T 代表上部贯通纵筋，B&T 代表下部与上部；X 向纵筋以 X 打头，Y 向纵筋以 Y 打头，两向纵筋配置相同时则以 X&Y 打头。

当为单向板时，分布筋可不必注写，而在图中统一注明。

当在某些板内（如在悬挑板 XB 的下部）配置有构造钢筋时，则 X 向以 X_c，Y 向以 Y_c 打头注写。

当 Y 向采用放射配筋时（切向为 X 向，径向为 Y 向），设计者应注明配筋间距的定位尺寸。

当纵筋采用两种规格钢筋"隔一布一"方式时，表达为 $\phi xx/yy@×××$，表示直径为 xx 的钢筋和直径为 yy 的钢筋二者之间间距为×××，直径 xx 的钢筋的间距为×××的 2 倍，直径 yy 的钢筋的间距为×××的 2 倍。

【例 4-1】有一楼面板块注写为：LB5　$h=110$

B: X⌀12@120；Y⌀10@110

表示 5 号楼面板，板厚 110，板下部配置的纵筋 X 向为 ⌀12@120，Y 向为 ⌀10@110；板上部未配置贯通纵筋。

【例 4-2】有一楼面板块注写为：LB5　$h=110$

B: X⌀10/12@100；Y⌀10@110

表示 5 号楼面板，板厚 110，板下部配置的纵筋 X 向为 ⌀10、⌀12 隔一布一，⌀10 与 ⌀12 之间间距为 100；Y 向为 ⌀10@110；板上部未布置贯通纵筋。

【例 4-3】有一悬挑板注写为：XB2　$h=150/100$

B: X_c&Y_c⌀8@200

表示 2 号悬挑板，板根部厚 150，端部厚 100，板下部配置构造钢筋双向均为 ⌀8@200（上部受力钢筋见板支座原位标注）。

4. 板面标高高差

板面标高高差系相对于结构层楼面标高的高差（图 4-5），应将其注写在括号内，且有高差则注，无高差不注。

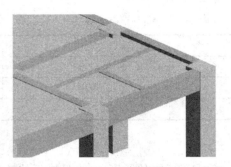

图 4-5　板面相对于结构层楼面标高高差

【例 4-4】某结构层楼面标高为 44.950 m，当这个标准层中某板块的板面标高高差注写为（-0.100）时，即表明该板顶面标高相对于 44.950 m 低 0.100 m，该板块顶面标高为 44.850 m。

同一编号板块的类型、板厚和纵筋均应相同，但板面标高、跨度、平面形状以及板支座上部非贯通纵筋可以不同，如同一编号板块的平面形状可为矩形、多边形及其他形状等。施工预算时，应根据其实际平面形状、分别计算各板块的混凝土与钢材用量。

单向或双向连续板的中间支座上部同向贯通纵筋，不应在支座位置连接或分别锚固。当相邻两跨的板上部贯通纵筋配置相同，且跨中部位有足够空间连接时，可在两跨任意一跨的跨中连接部位连接；当相邻两跨的上部贯通纵筋配置不同时，应将配置较大者越过其标注的跨数终点或起点伸至相邻跨的跨中连接区域连接。

（二）板支座原位标注

板支座原位标注的内容有：板支座上部非贯通纵筋和悬挑板上部受力钢筋。

板支座原位标注的钢筋，应在配置相同跨的第一跨表示（当在梁悬挑部位单独配置时则在原位表示）。在配置相同跨的第一跨（或梁悬挑部位），垂直于板支座（梁或墙）绘制一段适宜长度的中粗实线（当该筋通长设置在悬挑板或短跨板上部时，实线段应画至对边或贯通短跨），以该线段代表支座上部非贯通纵筋，并在线段上方注写钢筋编号（如①、②等）、配筋值、横向连续布置的跨数（注写在括号内，且当为一跨时可不注），以及是否横向布置到梁的悬挑端。

【例 4-5】（××）为横向布置的跨数,(××A）为横向布置的跨数及一端的悬挑梁部位,（××B）为横向布置的跨数及两端的悬挑梁部位。

板支座上部非贯通筋自支座中线向跨内伸出长度，注写在线段的下方位置。

当中间支座上部非贯通纵筋向支座两侧对称伸出时，可仅在支座一侧线段下方标注伸出长度，另一侧则不注，见图 4-6-（a）。

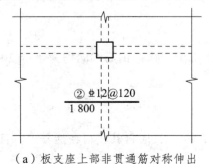

（a）板支座上部非贯通筋对称伸出

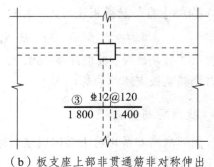

（b）板支座上部非贯通筋非对称伸出

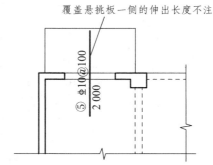

（c）板支座非贯通筋贯通全跨　　　　（d）板支座非贯通筋伸出至悬挑端

图 4-6　板支座非贯通筋注写示例

当向支座两侧非对称伸出时，应分别在支座两侧线段下方注写伸出长度，见图 4-6-（b）。

对线段画至对边贯通全跨或贯通全悬挑长度的上部通长纵筋，贯通全跨或伸出至全悬挑一侧的长度值不注，只注明非贯通筋另一侧的伸出长度值，见图 4-6-（c）、图 4-6-（d）。

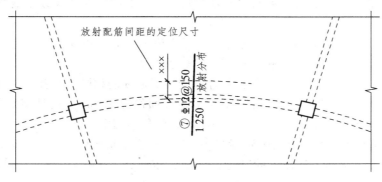

图 4-7　弧形支座处放射配筋

当板支座为弧形，支座上部非贯通纵筋呈放射状分布时，设计者应注明配筋间距的度量位置并加注"放射分布"四字，必要时应补绘平面配筋图，见图 4-7。

关于悬挑板的注写方式见图 4-8。当悬挑板端部厚度不小于 150 时，设计者应指定板端部封边构造方式。当采用 U 形钢筋封边时，尚应指定 U 形钢筋的规格、直径。

在板平面布置图中，不同部位的板支座上部非贯通纵筋及悬挑板上部受力钢筋，可仅在一个部位注写，对其他相同者则仅需在代表钢筋的线段上注写编号及横向连续布置的跨数即可。

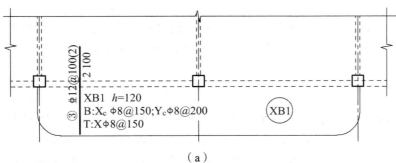

（a）

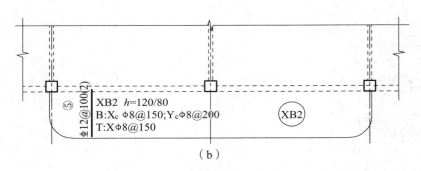

图 4-8　悬挑板支座非贯通筋

【例 4-6】在板平面布置图某部位，横跨支承梁绘制的对称线段上注有⑦⛓12@100（5A）和 1 500，表示支座上部⑦号非贯通纵筋为⛓12@100，从该跨起沿支承梁连续布置 5 跨加梁一端的悬挑端，该筋自支座中线向两侧跨内的伸出长度均为 1 500。在同一板平面布置图的另一部位横跨梁支座绘制的对称线段上注有⑦（2）者，表示该筋同⑦号纵筋，沿支撑梁连续布置 2 跨，且无梁悬挑端布置。

此外，与板支座上部非贯通纵筋垂直且绑扎在一起的构造钢筋或分布钢筋，应由设计者在图中注明。

当板的上部已配置有贯通纵筋，但需增配板支座上部非贯通纵筋时，应结合已配置的同向贯通纵筋的直径与间距采取"隔一布一"方式配置。

"隔一布一"方式，为非贯通纵筋的标注间距与贯通纵筋相同，两者组合后的实际间距为各自标注间距的 1/2。当设定贯通纵筋为纵筋总截面面积的 50% 时，两种钢筋应取相同直径；当设定贯通纵筋大于或小于总截面面积的 50% 时，两种钢筋则取不同直径。

【例 4-7】板上部已配置贯通纵筋 ⛓12@250，该跨同向配置的上部支座非贯通纵筋为⑤⛓12@250，表示在该支座上部设置的纵筋实际为 ⛓12@125，其中 1/2 为贯通纵筋，1/2 为⑤号非贯通纵筋（伸出长度值略）。

【例 4-8】板上部已配置贯通纵筋 ⛓10@250，该跨配置的上部同向支座非贯通纵筋为③⛓12@250，表示该跨实际设置的上部纵筋为 ⛓10 和 ⛓12 间隔布置，二者之间间距为 125。

施工时应注意，当支座一侧设置了上部贯通纵筋（在板集中标注中以 T 打头），而在支座另一侧仅设置了上部非贯通纵筋时，如果支座两侧设置的纵筋直径、间距相同，应将二者连通，避免各自在支座上部分别锚固。

4.2.2　无梁楼盖

无梁楼盖平法施工图，系在楼面板和屋面板布置图上，采用平面注写的表达方式。

板平面注写主要有板带集中标注、板带支座原位标注两部分内容。

（一）板带集中标注

集中标注应在板带贯通纵筋配置相同跨的第一跨（X 向为左端跨，Y 向为下端跨）注写。相同编号的板带可择其一做集中标注，其他仅注写板带编号（注在圆圈内）。

板带集中标注的具体内容为：板带编号、板带厚、板带宽和贯通纵筋。

1. 板带编号

板带编号按表4-4的规定。

表4-4 板带编号

板带类型	代号	序号	跨数及有无悬挑
柱上板带	ZSB	××	（××）、（××A）或（××B）
跨中板带	KZB	××	（××）、（××A）或（××B）

在表4-4中，跨数按柱网轴线计算（两相邻柱轴线之间为一跨）。（××A）为一端有悬挑，（××B）为两端有悬挑，悬挑不计入跨数。

2. 板带厚及板带宽

板带厚注写为 h=×××，板带宽注写为 b=×××。当无梁楼盖整体厚度和板带宽度已在图中注明时，此项可不注。

3. 贯通纵筋

贯通纵筋按板带下部和板带上部分别注写，并以 B 代表下部，T 代表上部，B&T 代表下部和上部。当采用放射配筋时，设计者应注明配筋间距的度量位置，必要时补绘配筋平面图。

【例4-9】设有一板带注写为：ZSB2（5A）h=300 b=3 000

BΦ16@100；TΦ18@200

表示 2 号柱上板带，有 5 跨且一端有悬挑；板带厚 300，宽 3 000；板带配置贯通纵筋下部为 Φ16@100，上部为 Φ18@200。

4. 板面高差

当局部区域的板面标高与整体不同时，应在无梁楼盖的板平法施工图上注明板标高高差及分布范围。

（二）板带支座原位标注

板带支座原位标注的具体内容为板带支座上部非贯通纵筋。

以一段与板带同向的中粗实线段代表板带支座上部非贯通纵筋；对柱上板带，实线段贯穿柱上区域绘制；对跨中板带，实线段横贯柱网轴线绘制。在线段上注写钢筋编号（如①、②等）、配筋值及在线段的下方注写自支座中线向两侧跨内的伸出长度。

当板带支座非贯通纵筋自支座中线向两侧对称伸出时，其伸出长度可仅在一侧标注；当配置在有悬挑端的边柱上时，该筋伸出到悬挑末端，设计不注。当支座上部非贯通纵筋呈放射分布时，设计者应注明配筋间距的定位位置。

不同部位的板带支座上部非贯通纵筋相同者，可仅在一个部位注写，其余则在代表非贯通纵筋的线段上注写编号。

【例4-10】设有平面布置图的某部位，在横跨板带支座绘制的对称线段上注有⑦Φ18@250，在线段一侧的下方注有 1 500，表示支座上部⑦号非贯通纵筋为 Φ18@250，自支座中线向两侧跨内的伸出长度均为 1 500。

当板带上部已经配有贯通纵筋，但需增加配置板带支座上部非贯通纵筋时，应结合已配同向贯通纵筋的直径与间距，采取"隔一布一"的方式配置。

【例 4-11】设有一板带上部已配置贯通纵筋 Φ18@240，板带支座上部非贯通纵筋为⑤Φ18@240，则板带在该位置实际配置的上部纵筋为 Φ18@120，其中 1/2 为贯通纵筋，1/2 为⑤号非贯通纵筋（伸出长度略）。

【例 4-12】设有一板带上部已配置贯通纵筋 Φ18@240，板带支座上部非贯通纵筋为③Φ20@240，则该板带在该位置实际配置的上部纵筋为 Φ18 和 Φ20 间隔布置，二者之间间距为120（伸出长度略）。

（三）暗　梁

暗梁的平面注写包括暗梁集中标注、暗梁支座原位标注两部分内容，施工图中在柱轴线处画中粗虚线表示暗梁。

1. 暗梁集中标注

暗梁集中标注包括暗梁编号、暗梁截面尺寸（箍筋外皮宽度×板厚）、暗梁箍筋、暗梁上部通长筋或架立筋四部分内容。暗梁编号依据表4-5，其他注写方式同梁构件平面注写规则。

表 4-5　暗梁编号

构件类型	代号	序号	跨数及有无悬挑
暗梁	AL	××	（××）、（××A）或（××B）

2. 暗梁支座原位标注

暗梁支座原位标注包括梁支座上部纵筋、梁下部纵筋。

当在暗梁上集中标注的内容不适用于某跨或某悬挑端时，则将其不同数值标注在该跨或该悬挑端，施工时按原位注写取值。

当设置暗梁时，柱上板带及跨中板带标注方式与前文一致。柱上板带标注的配筋仅设置在暗梁之外的柱上板带范围内。

4.2.3　楼板相关构造

楼板相关构造的平法施工图设计，系在板平法施工图上采用直接引注方式表示。楼板相关构造编号按表 4-6 的规定。

表 4-6　楼板相关构造类型与编号

构造类型	代号	序号	说　明
纵筋加强带	JQD	××	以单向加强纵筋取代原位置配筋
后浇带	HJD	××	有不同的留筋方式
柱帽	ZM×	××	适用于无梁楼盖

构造类型	代号	序号	说　　明
局部升降板	SJB	××	板厚及配筋与所在板相同；构造升降高度≤300
板加腋	JY	××	腋高与腋宽可选注
板开洞	BD	××	最大边长或直径<1 000；加强筋长度有全跨贯通和自洞边锚固两种
板翻边	FB	××	翻边高度≤300
角部加强筋	Crs	××	以上部双向非贯通加强钢筋取代原位置的非贯通配筋
悬挑板阴角附加筋	Cis	××	板悬挑阴角上部斜向附加钢筋
悬挑板阳角放射筋	Ces	××	板悬挑阳角上部放射筋
抗冲切箍筋	Rh	××	通常用于无柱帽无梁楼盖的柱顶
抗冲切弯起筋	Rb	××	通常用于无柱帽无梁楼盖的柱顶

（一）纵筋加强带

纵筋加强带 JQD 的平面形状及定位由平面布置图表达，加强带内配置的加强贯通纵筋等由引注内容表达。

纵筋加强带设单向加强贯通纵筋，取代其所在位置板中原配置的同向贯通纵筋。根据受力需要，加强贯通纵筋可在板下部配置，也可在板下部和上部均设置。纵筋加强带的引注见图 4-9。

当板下部和上部均设置加强贯通纵筋，而板带上部横向无配筋时，加强带上部横向配筋应由设计者注明。

当将纵筋加强带设置为暗梁型式时，应注写箍筋，其引注见图 4-10。

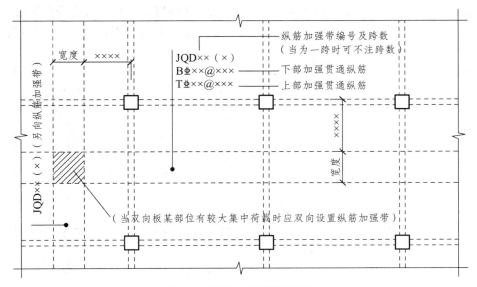

图 4-9　纵筋加强带引注图示

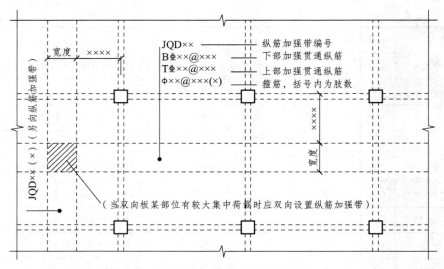

图 4-10　纵筋加强带引注图示（暗梁型式）

（二）后浇带

后浇带 HJD 的平面形状及定位由平面布置图表达，后浇带留筋方式等由引注内容表达，包括：

（1）后浇带编号及留筋方式代号。16G101—1 图集中提供了两种留筋方式，分别为贯通和 100%搭接。

（2）后浇混凝土的强度等级 C××。宜采用补偿收缩混凝土，设计应注明相关施工要求。

（3）当后浇带区域留筋方式或后浇混凝土强度等级不一致时，设计者应在图中注明与图示不一致的部位及做法。

后浇带引注见图 4-11。

贯通钢筋的后浇带宽度通常取大于或等于 800；100%搭接钢筋的后浇带宽度通常取 800 与（l_1+60 或 l_{1E}+60）的较大值（l_1、l_{1E} 分别为受拉钢筋搭接长度、受拉钢筋抗震搭接长度）。

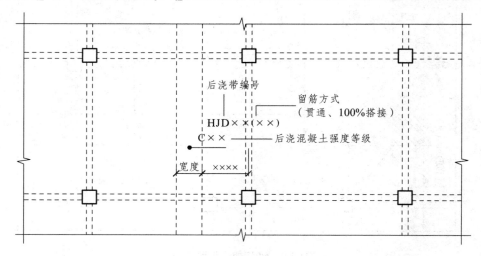

图 4-11　后浇带引注图示

（三）柱　帽

柱帽 ZM×的平面形状有矩形、圆形或多边形等，其平面形状由平面布置图表达。

柱帽的立面形状有单倾角柱帽 Zma[图 4-12-（a）]、托板柱帽 ZMb[图 4-12-（b）]、变倾角柱帽 ZMc[图 4-12-（c）]和倾角托板柱帽 ZMab[图 4-12-（d）]等，其立面几何尺寸和配筋由具体的引注内容表达。图中 c_1、c_2 当 X、Y 方向不一致时，应标注（c_1,x，c_1,y）、（c_2,x，c_2,y）。

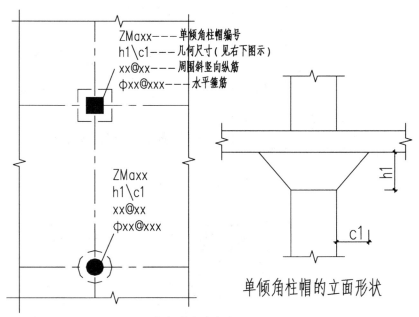

（a）单倾角柱帽 Zma

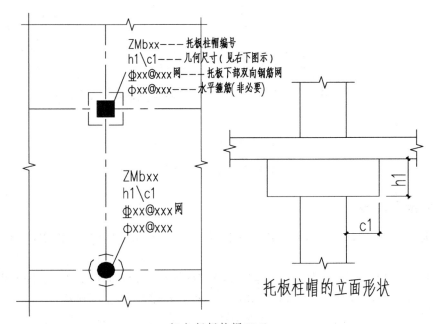

（b）托板柱帽 ZMb

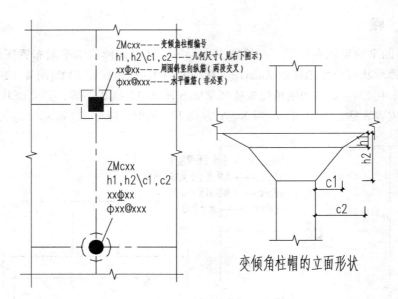

变倾角柱帽的立面形状

（c）变倾角柱帽 ZMc

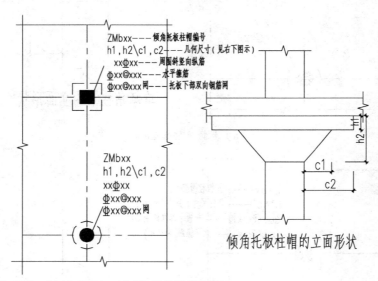

倾角托板柱帽的立面形状

（d）倾角托板柱帽 ZMab

图 4-12　柱帽引注图示

（四）局部升降板

局部升降板 SJB 的平面形状及定位由平面布置图表达，其他内容由引注内容表达（图4–13）。

局部升降板的板厚、壁厚和配筋，在标准构造详图中取与所在板块的板厚和配筋相同，设计不注；当采用不同板厚、壁厚和配筋时，设计应补充绘制截面配筋图。

局部升降板升高与降低的高度，在标准构造详图中限定为小于或等于300，当高度大于300时，设计应补充绘制截面配筋图。

设计时应注意局部升降板的下部与上部配筋均应设计为双向贯通纵筋。

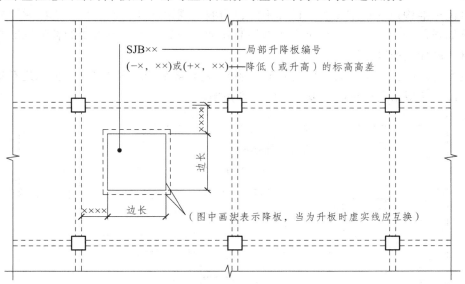

图 4-13　局部升降板引注图示

（五）板加腋

板加腋 JY 的位置与范围由平面布置图表达，腋宽、腋高及配筋等由引注内容表达（图4-14）。

当为板底加腋时腋线应为虚线，当为板面加腋时腋线应为实线；当腋宽与腋高同板厚时，设计不注。加腋配筋按标准构造，设计不注；当加腋配筋与标准构造不同时，设计应补充绘制截面配筋图。

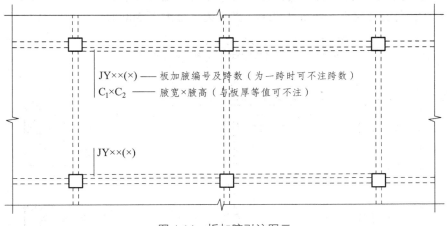

图 4-14　板加腋引注图示

（六）板开洞

板开洞 BD 的平面形状及定位由平面布置图表达，洞的几何尺寸等由引注内容表达（图4-15）。

当矩形洞口边长或圆形洞口直径小于或等于1 000，且当洞边无集中荷载作用时，洞边补强钢筋可按标准构造的规定设置，设计不注；当洞口周边加强钢筋不伸至支座时，应在图中画出所有加强钢筋，并标注不伸至支座的钢筋长度。当具体工程所需要的补强钢筋与标准构造不同时，设计应加以注明。

当矩形洞口边长或圆形洞口直径大于1 000，或其虽小于或等于1 000但洞边有集中荷载作用时，设计应根据具体情况采取相应的处理措施。

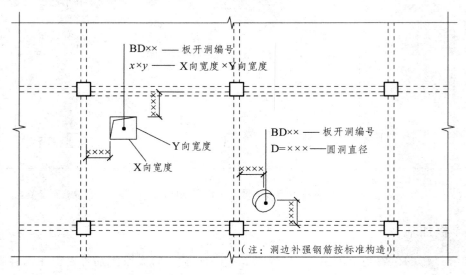

图4-15　板开洞引注图示

（七）板翻边

板翻边 FB 可为上翻也可为下翻，翻边尺寸等在引注内容中表示（图4-16），翻边高度在标注构造详图中表示且为小于或等于300。当翻边高度大于300时，由设计者自行处理。

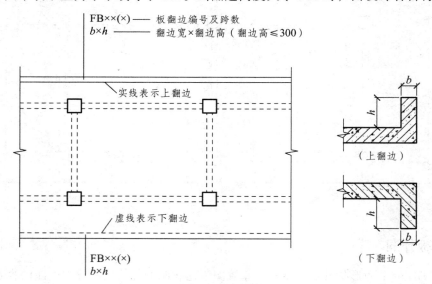

图4-16　板翻边引注图示

（八）角部加强筋

角部加强筋 Crs 的引注见图 4–17，通常用于板块角区的上部，根据规范规定的受力要求选择配置。角部加强筋将在其分布范围内取代原配置的板支座上部非贯通纵筋，且当其分布范围内配有板上部贯通纵筋时则间隔布置。

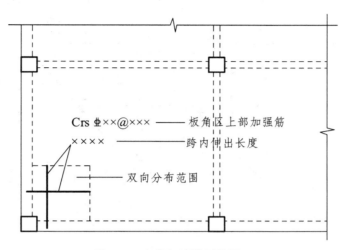

Crs ϕ××@××× —— 板角区上部加强筋

××× —— 跨内伸出长度

—— 双向分布范围

图 4-17　角部加强筋引注图示

（九）悬挑板阴角附加筋

悬挑板阴角附加筋 Cis 的引注（图 4–18），系在悬挑板的阴角部位斜放的附加钢筋，该附加钢筋设置在板上部悬挑受力钢筋的下面。

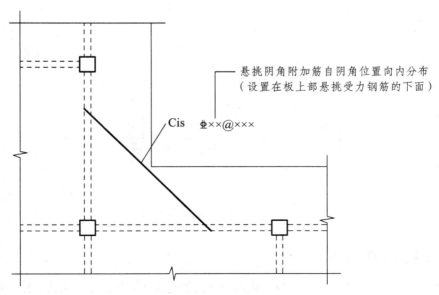

—— 悬挑阴角附加筋自阴角位置向内分布
（设置在板上部悬挑受力钢筋的下面）

Cis　ϕ××@×××

图 4-18　悬挑板阴角附加筋引注图示

（十）悬挑板阳角放射筋

悬挑板阳角放射筋 Ces 的引注见图 4–19。

【例 4–13】注写 Ces7⏀18 表示悬挑板阳角放射筋为 7 根 HRB400 钢筋，直径为 18。

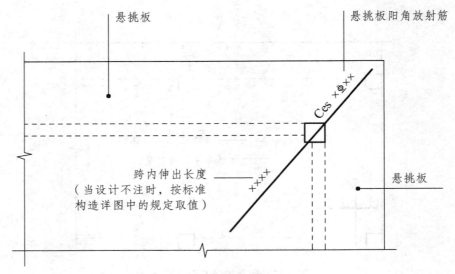

图 4-19　悬挑板阳角放射筋引注图示

（十一）抗冲切箍筋

抗冲切箍筋 Rh 的引注见图 4–20。抗冲切箍筋通常在无柱帽无梁楼盖的柱顶部位设置。

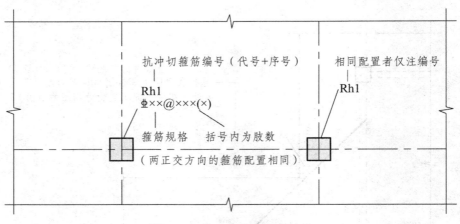

图 4-20　抗冲切箍筋引注图示

（十二）抗冲切弯起筋

抗冲切弯起筋 Rb 的引注见图 4–21。抗冲切弯起筋通常在无柱帽无梁楼盖的柱顶部位设置。

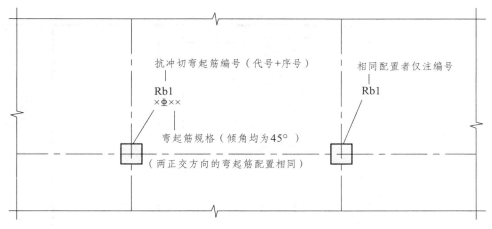

图 4-21　抗冲切弯起筋引注图示

4.2.4　现浇板平法识图示例

本书某工程"15.870~26.670 板平法施工图"的建筑三维图见图 4-22。其中，以 LB5 为例进行配筋说明。

楼面板 LB5，板厚 150，底部贯通纵筋 X 向为 Φ10@135，Y 向为 Φ10@110。板顶配置非贯通纵筋：支座③非贯通纵筋为②号 Φ10@100，向支座两侧伸出长度自支座中心线算起均为 1 800；支座④非贯通纵筋为③号 Φ12@120，向支座两侧伸出长度自支座中心线算起均为 1 800；支座 A 非贯通纵筋为⑥号 Φ10@100，自支座中心线算起向 LB5 板内伸出长度为 1 800，另一侧贯通 LB4 伸至 LB4 板边缘；支座 B 非贯通筋为⑨号 Φ10@100，该筋为跨板支座负筋，贯通短板 LB3 并向 LB3 两侧各伸出长度 1 800。LB5 非贯通纵筋的分布筋为 Φ8@250，未配置温度筋。LB5 板面标高为各楼层相应结构标高，无高差。

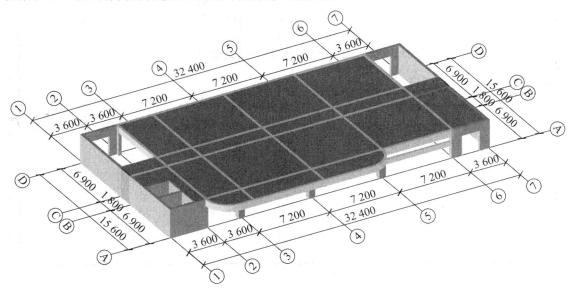

图 4-22　现浇板平法识图示例三维图

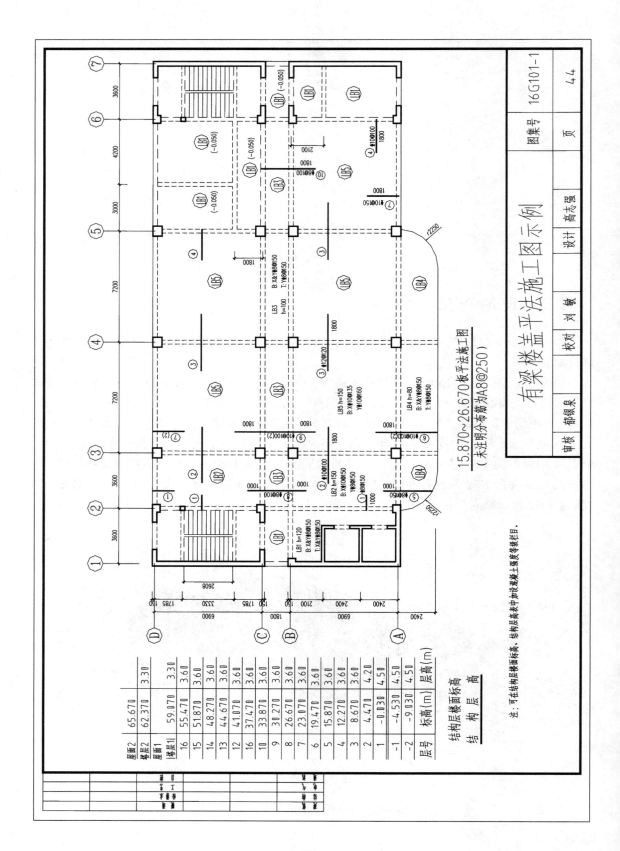

有梁楼盖平法施工图示例

15.870~26.670 板平法施工图
（未注明分布筋为A8@250）

结构层楼面标高 结 构 层 高		
屋面2	65.670	
塔层2	62.370	3.30
屋面1 （塔层1）	59.070	3.30
16	55.470	3.60
15	51.870	3.60
14	48.270	3.60
13	44.670	3.60
12	41.070	3.60
10	37.470	3.60
9	33.870	3.60
8	30.270	3.60
7	26.670	3.60
6	23.070	3.60
5	19.470	3.60
4	15.870	3.60
3	12.270	3.60
2	8.670	3.60
1	4.470	4.20
-1	-0.030	4.50
-2	-4.530	4.50
	-9.030	4.50
层号	标高(m)	层高(m)

注：可在结构层楼面标高、结构层高表中加设混凝土强度等级一栏。

		图集号	16G101-1
审核	郁银泉	页	44
校对	刘敏		
设计	高志强		

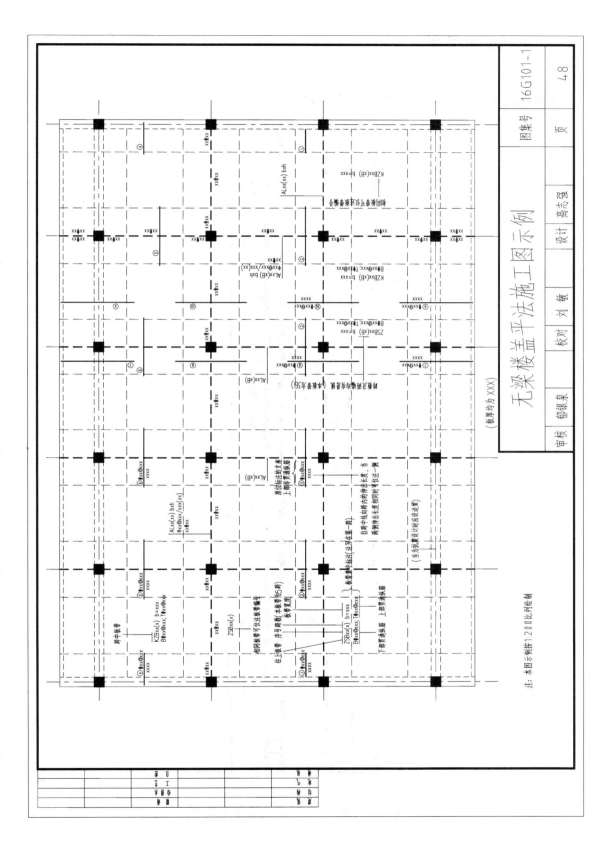

无梁楼盖平法施工图示例

图集号 16G101-1

页 48

审核 郁银泉　　校对 刘敏　　设计 高志强

注：本图示例按1:200比例绘制

4.3 板钢筋算量

有梁楼盖楼面板 LB 和屋面板 WB 的钢筋构造见图 4-23。

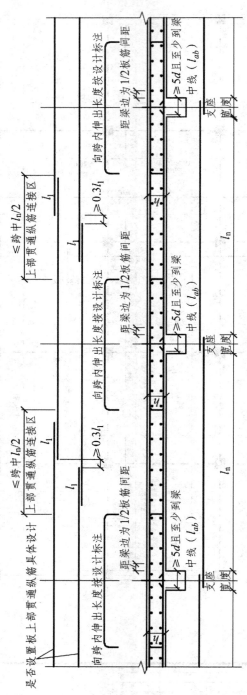

图 4-23 有梁楼盖楼面板 LB 和屋面板 WB 的钢筋构造

4.3.1 底 筋

(一)底筋长度

有梁楼盖板的底筋长度计算公式可写为：

$$底筋长度=左端锚固长度+板净跨长+右端锚固长度 \qquad （式4-1）$$

底筋在支座处的锚固长度与支座类型有关。且当底筋为 HPB300 光圆钢筋时，两侧需做 180° 弯钩，每个弯钩 $6.25d$。

1. 底筋在中间支座锚固

从图 4-23 可以看出，板底部钢筋在中间支座处的锚固长度应满足：max（$5d$，1/2 梁宽）。梁板式转换层的板底筋在中间支座处的锚固长度为 l_{aE}。

2. 板端支座为梁

从图 4-24 可以看出，当板端部支座为梁时，普通楼屋面板的底部钢筋在梁内的锚固长度应满足：max（$5d$，1/2 梁宽）；而用于梁板式转换层的楼面板的底部钢筋在梁内的锚固长度应为：梁宽-保护层-梁角筋直径+$15d$。

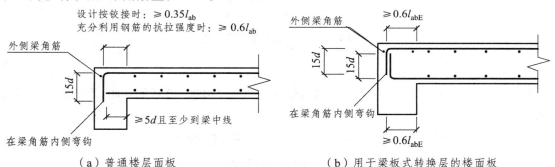

（a）普通楼层面板　　　　　　　（b）用于梁板式转换层的楼面板

图 4-24　板端部支座为梁

3. 板支座为剪力墙

当板端支座为剪力墙时（图 4-25），板底筋在墙内的锚固应满足：max（$5d$，1/2 墙厚）。梁板式转换层的板底筋在墙内的锚固长度为 l_{aE}，当板底筋直锚长度不够时，可在墙内弯锚 $15d$。

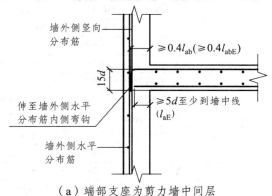

（a）端部支座为剪力墙中间层

（括号内的数值用于梁板式转换层的板，当板下部纵筋直锚长度不足时，可弯锚见图）

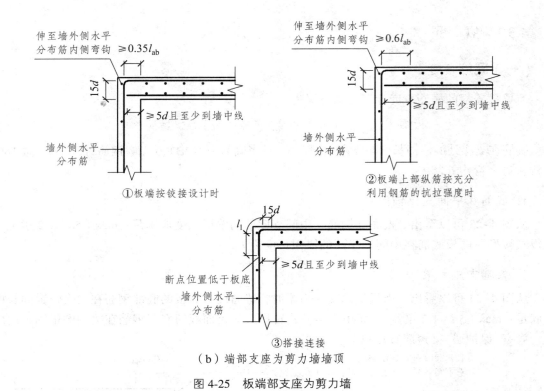

① 板端按铰接设计时

② 板端上部纵筋按充分
利用钢筋的抗拉强度时

③ 搭接连接

（b）端部支座为剪力墙墙顶

图 4-25　板端部支座为剪力墙

（二）底筋根数

板底筋在板跨内分布时，每跨第一根钢筋应距离支座边缘 1/2 板筋间距。因此，每跨板底筋根数计算公式可写为：

$$底筋根数＝(板净跨-起步距离×2)/分布间距+1 \qquad （式4-2）$$

起步距离：第一根钢筋距梁边或墙边 1/2 板底筋间距。

【例 4-14】计算案例背景 LB1（①~②-B~C）的底筋工程量。

【分析】LB1 的底筋标注为 X&YΦ10@150，即 X 向和 Y 向钢筋配置相同。计算过程见表 4-7。

表 4-7　LB1 底筋计算过程

X 向底筋	长度	左端支座①锚固长度=max(5d, 1/2 梁宽)=max(5×10,1/2×300)=150
		右端支座②锚固长度=max(5d, 1/2 梁宽)=max(5×10,1/2×300)=150
		X 向净跨长=3 600-150=3 450
		X 向底筋长=150+3 450+150=3 750
	根数	Y 向净跨长=2 700-150=2 550
		X 向底筋根数=(2 550-2×1/2×150)/150+1=17
Y 向底筋	长度	左端支座 B 锚固长度=max(5d, 1/2 梁宽)=max(5×10,1/2×300)=150
		右端支座 C 锚固长度=max(5d, 1/2 梁宽)=max(5×10,1/2×300)=150
		Y 向净跨长=2 700-150=2 550
		Y 向底筋长=150+2 550+150=2 850
	根数	X 向净跨长=3 600-150=3450
		Y 向底筋根数=(3 450-2×1/2×150)/150+1=23

【计算结果】①~②-B~C 轴线间的 LB1 底筋 X 向配置直径为 10 的 HRB335 钢筋 17 根，每根长度 3 750 mm；Y 向配置直径为 10 的 HRB335 钢筋 23 根，每根长度 2 850 mm。

4.3.2　面　筋

（一）面筋长度

板中是否设置上部贯通纵筋（面筋）应根据具体设计。上部贯通纵筋的搭接位置应在跨中位置（图 4-23）。面筋长度计算公式可写为：

$$长度 = 左端锚固长度 + 板净跨长 + 右端锚固长度 \qquad （式 4-3）$$

面筋在端支座处锚固长度按下表 4-8 取值。

表 4-8　面筋在端支座处锚固构造

判断条件	锚固形式	锚固长度
支座宽－保护层 $\geqslant l_a(l_{aE})$	直锚	$l_a(l_{aE})$
支座宽－保护层 $< l_a(l_{aE})$	弯锚	支座宽－保护层－支座纵筋直径 $+15d$

在表 4-8 中，括号内的锚固长度 l_{aE} 用于梁板式转换层的板；当板支座为梁时，支座纵筋直径为梁外侧纵筋直径，当板支座为剪力墙时，支座纵筋直径为墙外侧水平分布钢筋直径。

（二）面筋根数

板面筋在板跨内分布时，每跨第一根钢筋应距离支座边缘 1/2 板筋间距。因此，每跨板面筋根数计算公式为：

$$根数 = （板净跨－起步距离×2）/分布间距 +1 \qquad （式 4-4）$$

起步距离：第一根钢筋距梁边或墙边 1/2 板面筋间距。

4.3.3　边支座负筋

（一）边支座负筋长度

边支座负筋与面筋在端部的锚固方式相同。负筋向跨内伸出的长度应按设计标注。因此，边支座负筋长度计算公式可写为：

$$长度 = 锚固长度 + 板内净尺寸 + 弯折 \qquad （式 4-5）$$

其中：

（1）锚固长度同面筋，见表 4-8。

（2）板内净尺寸从支座边缘算起，负筋的水平段长度。

（3）弯折长度：板厚－2×保护层。

（二）边支座负筋根数

边支座负筋在板跨内分布时，每跨第一根钢筋应距离支座边缘1/2负筋间距。因此，每跨板负筋根数计算公式为：

$$根数=（净跨长-2×起步距离）/间距+1 \qquad （式4-6）$$

起步距离：第一根钢筋距梁边或墙边1/2负筋间距。

【例4-15】计算案例背景中①号负筋的工程量。

【分析】从首层板平法施工图中可以看出，①号负筋为 $\Phi10@120$，标注长度1 000。计算过程见表4-9。

表4-9　①号负筋计算过程

长度	查表计算 l_a	$l_a=29d=29×10=290$
	判断锚固方式	梁宽-保护层=300-30=270<l_a=290，弯锚
	计算锚固长度	弯锚长度=梁宽-保护层-梁角筋直径+15d=300-30-22+15×10=398
	负筋板内净尺寸	负筋板内净长=负筋标注长度-1/2 梁宽=1 000-150=850
	板内弯折	弯折长度=板厚-2×板保护层=120-2×15=90
	①号负筋长度	负筋长度=锚固长度+板内净尺寸+弯折=398+850+90=1 338
根数	①~②-A~B 轴	(3 600-150-2×1/2×120)/120+1=29
	②~③-A~B 轴	同上，29 根
	②~③-B~C 轴	(2 700-150-2×1/2×120)/120+1=22
	①号负筋根数	29+29+22=80

【计算结果】①号负筋在首层分布于三个位置：①~②-A~B 轴线间设置29根；②~③-A~B轴线间设置29根；②~③-B~C 轴线间设置22根；整层楼板共设置负筋80根。①号负筋单根长度为1 338 mm。

4.3.4　中间支座负筋

（一）中间支座负筋长度

中间支座负筋的钢筋构造见图4-23。中间支座负筋长度计算公式可写为：

$$长度=水平长度+弯折长度×2 \qquad （式4-7）$$

其中：

（1）水平长度为负筋支座两侧的标注长度之和。

（2）弯折长度：板厚-2×保护层。

（二）中间支座负筋根数

中间支座负筋在板跨内分布时，每跨第一根钢筋应距离支座边缘1/2负筋间距。因此，每跨板负筋根数计算公式为：

$$根数＝(净跨长－2×起步距离)/间距＋1 \qquad （式4-8）$$

起步距离：第一根钢筋距梁边或墙边 1/2 负筋间距。

【例4-16】计算案例背景中⑥号负筋的工程量。

【分析】从首层板平法施工图中可以看出，⑥号负筋为 ⊕10@150，两侧标注长度均为 800。计算过程见表4-10。

表4-10　⑥号负筋计算过程

长度	水平长度	水平长度＝2×800＝1 600
	板内弯折	弯折长度＝板厚－2×板保护层＝120－2×15＝90
	⑥号负筋长度	负筋长度＝1 600＋90×2＝1 780
根数	①~②-A~B 轴	(3 600－150－2×1/2×150)/150＋1＝23

【计算结果】⑥号负筋设置于①~②-A~B 轴线间，共设置 23 根，负筋间距 150，单根长度为 1 780 mm。

4.3.5　跨板支座负筋

跨板支座负筋即负筋一侧贯通短跨板或贯通全悬挑。标注时线段画至对边贯通全跨或贯通全悬挑长度，贯通全跨或伸出至全悬挑一侧的长度值不注，只注明非贯通筋另一侧的伸出长度值。

（一）跨板支座负筋长度

跨板支座负筋长度计算公式可写为：

$$长度＝短跨板(悬挑端)端部锚固＋水平长度＋板内弯折 \qquad （式4-9）$$

（二）跨板支座负筋根数

跨板支座负筋在板跨内分布时，每跨第一根钢筋应距离支座边缘 1/2 负筋间距。因此，每跨板负筋根数计算公式为：

$$根数＝(净跨长－2×起步距离)/间距＋1 \qquad （式4-10）$$

起步距离：第一根钢筋距梁边或墙边 1/2 负筋间距。

【例4-17】计算案例背景中⑦号跨板支座负筋的工程量。

【分析】从首层板平法施工图中可以看出，⑦号负筋为 ⊕10@150，左侧贯通两块 LB3 并在 KL2 支座锚固，右侧标注长度为 900。计算过程见表4-11。

【计算结果】⑦号负筋设置于②~③-A~B 轴线间，共计 27 根，负筋间距为 150，单根长度 4 985 mm。但应注意，本案例中 LB3 和 LB1 板顶有 100 mm 高差，因此施工中应在 B 支座处将⑦号负筋断开分别锚固。

表 4-11　⑦号负筋计算过程

长度	查表计算 l_a	$l_a=29d=29×10=290$
	判断锚固方式	梁宽−保护层=300−30=270<l_a=290，弯锚
	计算锚固长度	弯锚长度=梁宽−保护层−梁角筋直径+15d=300−30−25+15×10=395
	水平长度	2 000+1 600+900=4 500
	板内弯折	弯折长度=板厚−2×板保护层=120−2×15=90
	跨板支座负筋长度	负筋长度=端部锚固+水平长度+板内弯折=395+4 500+90=4 985
根数	②~③−A~B 轴	(4 200−150−2×1/2×150)/150+1=27

4.3.6　负筋分布筋

（一）分布筋长度

负筋分布筋与两侧负筋的搭接长度各为 150 mm。

$$分布筋长度=板净长−左侧负筋板内净长−右侧负筋板内净长+150×2 \qquad （式 4-11）$$

其中，负筋板内净长指从支座边缘算起负筋的水平长度。

（二）分布筋根数

$$分布筋根数=负筋板内净长/分布筋间距 \qquad （式 4-12）$$

【例 4-18】计算案例背景中 LB1（①~②−B~C）负筋分布筋的工程量。

【分析】从首层板平法施工图中可以看出，LB1（①~②−B~C）负筋分布筋有水平向和竖直向两种，配置为 Φ8@200。计算过程见表 4-12。

表 4-12　LB1 分布筋计算过程

水平向分布筋	长度	左侧②号负筋板内净长=1 000−150=850
		右侧③号负筋板内净长=800−150=650
		X 向净跨长=3 600−150=3 450
		水平分布筋长=3 450−850−650+2×150=2 250
	根数	⑥号负筋板内净长=800−150=650
		⑥号负筋分布筋根数=650/200=4
		⑤号负筋板内净长=900−150=750
		⑤号负筋分布筋根数=750/200=4
		水平向分布筋根数=4+4=8
竖直向分布筋	长度	左侧⑥号负筋板内净长=800−150=650
		右侧⑤号负筋板内净长=900−150=750
		Y 向净跨长=2 700−150=2 550
		竖直向分布筋长=2 550−650−750+2×150=1 450

竖直向分布筋	根数	②号负筋板内净长=1 000-150=850
		②号负筋分布筋根数=850/200=5
		③号负筋板内净长=800-150=650
		③号负筋分布筋根数=650/200=4
		竖直向分布筋根数=5+4=9

【计算结果】LB1（①~②-B~C）的负筋分布筋包括⑤号负筋和⑥号负筋的水平向分布筋以及②号负筋和③号负筋的竖直向分布筋，其中水平向共有分布筋8根，单根长度2 250 mm，竖直向分布筋9根，单根长度1 450 mm。

4.3.7 抗温度筋

（一）抗温度筋长度

抗裂、抗温度筋由设计者确定是否设置。板上下贯通筋可兼作抗裂构造筋和抗温度筋。当下部贯通筋兼作抗温度筋时，其在支座的锚固由设计者确定。当分布筋兼作抗温度筋时，其自身及与受力主筋、构造钢筋的搭接长度为 l_1（图4-26），其在支座的锚固按受拉要求考虑。

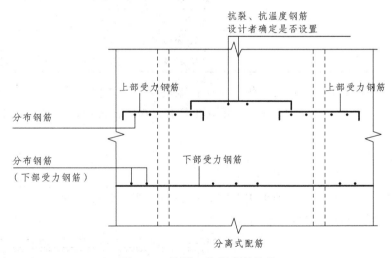

图4-26 抗裂、抗温度筋构造

分离式配筋的抗温度筋长度计算公式可写为：

$$抗温度筋长度=板内净长-左侧负筋板内净长-右侧负筋板内净长+$$
$$搭接长度×2 \qquad （式4-13）$$

（二）抗温度筋根数

$$根数=(净跨长-左右负筋伸入板内净长)/温度筋间距-1 \qquad （式4-14）$$

【例4-19】计算案例背景中LB1（①~②-B~C）抗温度筋的工程量。

【分析】从首层板平法施工图中可以看出，LB1（①~②-B~C）抗温度筋有水平向和竖直向两种，配置为 $\Phi 8@150$。计算过程见表 4-13。

表 4-13 LB1 抗温度筋计算过程

		查表计算搭接长度 $l_1=41d=41\times 8=328$
水平向温度筋	长度	左侧②号负筋板内净长=1 000-150=850
		右侧③号负筋板内净长=800-150=650
		X 向净跨长=3 600-150=3 450
		水平温度筋长=3 450-850-650+2×328=2 606
	根数	⑤号负筋板内净长=900-150=750
		⑥号负筋板内净长=800-150=650
		Y 向净跨长=2 700-150=2 550
		水平向温度筋根数=(2 550-750-650)/150-1=7
竖向温度筋	长度	左侧⑥号负筋板内净长=800-150=650
		右侧⑤号负筋板内净长=900-150=750
		Y 向净跨长=2 700-150=2 550
		竖向温度筋长=2 550-650-750+2×328=1 806
	根数	②号负筋板内净长=1 000-150=850
		③号负筋板内净长=800-150=650
		X 向净跨长=3 600-150=3 450
		竖向温度筋根数=(3 450-850-650)/150-1=12

【计算结果】LB1（①~②-B~C）的水平向抗温度筋共计 7 根，单根长度 2 606 mm，竖直向抗温度筋 12 根，单根长度 1 806 mm。抗温度筋设置在负筋分布范围之外的中空区域。

4.3.8　马凳筋

马凳筋的规格型号一般不在图纸中标注，而在施工组织设计中列明。只有少数大型建筑工程会在图纸中专门标注马凳筋（图 4-27）。

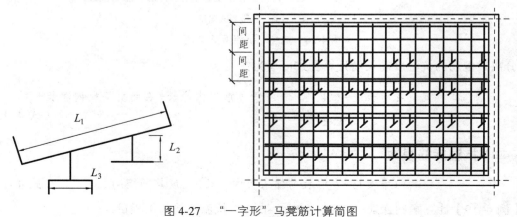

图 4-27　"一字形"马凳筋计算简图

如果施工组织设计中没有对马凳做出明确和详细的说明则按常规计算。

但有二个前提，一是马凳要有一定的刚度，能承受施工人员的踩踏，避免板上部钢筋扭曲和下陷。二是为了避免以后结算争议，应对马凳办理必要的手续和签证，由施工单位根据实际制作情况以工程联系单的方式提出，报监理及建设单位确认，根据确认的尺寸计算。

本书以常见的"一字形"马凳筋为例讲解马凳筋工程量的计算。

（一）马凳筋长度

如图 4-27 所示，马凳筋的长度由三部分组成，其计算公式可写为：

$$长度=L_1+L_2\times2+L_3\times2 \tag{式 4-15}$$

式中：

（1）L_1 一般可按 2 000 mm 取值。

（2）支架间距一般取 1 500 mm。

（3）L_2 为板厚减 $-2\times$ 保护层。

（4）L_3 可取 250 mm。

（二）马凳筋根数

"一字形"马凳筋的排列方式一般有三种：一种是梅花状布置；第二种是拉通布置，一排即一根；第三种是马凳筋直线排列，等间距分排布置。无特别说明时，一般按第三种方式处理（图 4-27）。

$$马凳筋根数 = 排数\times每排个数 \tag{式 4-16}$$

式中：

（1）排数=板竖向净长/马凳筋间距；

（2）每排个数=板水平净长/L_1+1，L_1 为马凳筋水平长度。

4.3.9　洞口加筋

常见的板洞形式为圆洞或矩形洞口（图 4-28）。

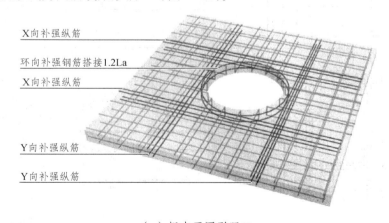

（a）板中开圆形洞口

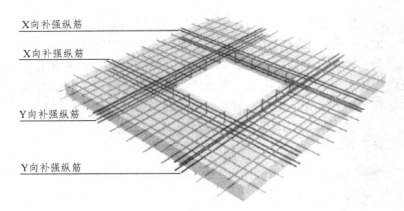

（b）板中开矩形洞口

图 4-28　板开洞及洞边加强筋三维图

板开洞 BD 和洞边加强钢筋构造做法见表 4-14。

表 4-14　板开洞 BD 和洞边加强钢筋构造做法说明

适用条件	钢筋构造	构造说明
矩形洞边长不大于 300	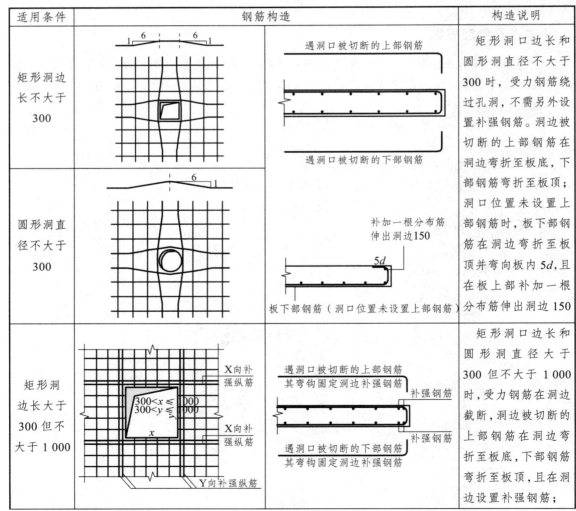	矩形洞口边长和圆形洞直径不大于 300 时，受力钢筋绕过孔洞，不需另外设置补强钢筋。洞边被切断的上部钢筋在洞边弯折至板底，下部钢筋弯折至板顶；洞口位置未设置上部钢筋时，板下部钢筋在洞边弯折至板顶并弯向板内 5d，且在板上部补加一根分布筋伸出洞边 150
圆形洞直径不大于 300		
矩形洞边长大于 300 但不大于 1 000		矩形洞口边长和圆形洞直径大于 300 但不大于 1 000 时，受力钢筋在洞边截断，洞边被切断的上部钢筋在洞边弯折至板底，下部钢筋弯折至板顶，且在洞边设置补强钢筋；

- 104 -

适用条件	钢筋构造	构造说明
圆形洞 直径大于 300但不 大于1 000	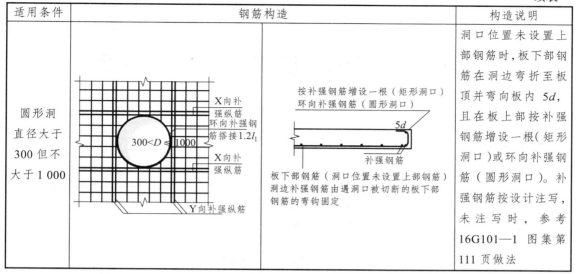	洞口位置未设置上部钢筋时,板下部钢筋在洞边弯折至板顶并弯向板内5d,且在板上部按补强钢筋增设一根(矩形洞口)或环向补强钢筋(圆形洞口)。补强钢筋按设计注写,未注写时,参考16G101—1图集第111页做法

【课堂实训】

$l_a=34d$,梁保护层25 mm,板保护层15 mm,温度筋与主筋搭接 $l_1=1.6l_a$,图4-29中未注明分布筋 Φ8@200,温度筋 Φ10@200,钢筋线密度 Φ10 0.617 kg/m,Φ8 0.395 kg/m。

计算LB1的钢筋工程量。

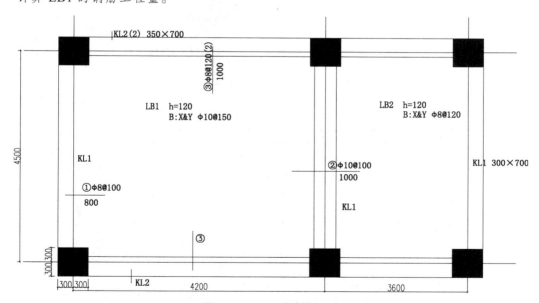

图4-29 LB1平法施工图

任务五　楼梯平法识图与钢筋算量

【案例背景】

某建筑楼梯三维图见图 5-1。"5.370~7.170 标高楼梯平面图"如图 5-2 所示。梯梁均为 200×400，梁保护层 30 mm，梯板保护层 15 mm。

思考：该标高范围内，楼梯的钢筋类型有哪些？各自需要多少量？

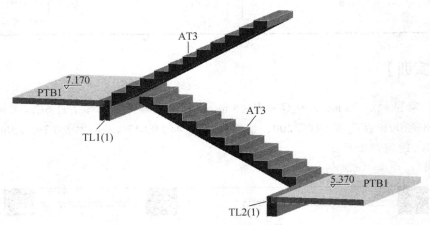

图 5-1　5.370~7.170 标高楼梯三维图

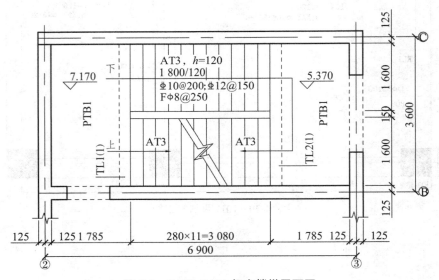

图 5-2　5.370~7.170 标高楼梯平面图

5.1　楼梯的类型

现浇式钢筋混凝土楼梯根据传力特点不同有板式梯段和梁板式梯段。

常见的板式梯段有不带平台板的梯段、带平台板的梯段以及悬挑平台板的梯段等（图5-3）。

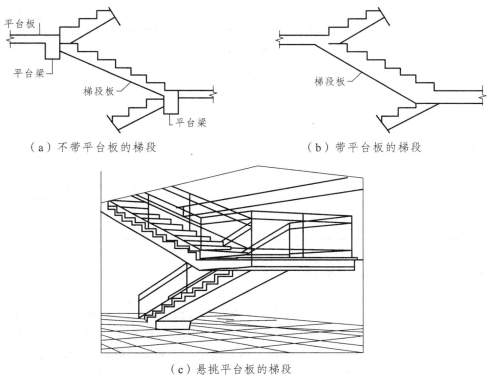

（a）不带平台板的梯段　　　　　　　　　（b）带平台板的梯段

（c）悬挑平台板的梯段

图 5-3　现浇钢筋混凝土板式楼梯

当楼梯较宽或楼梯负载较大时，采用板式梯段不经济，须增加梯段斜梁以承受板的荷载，并将荷载传给平台梁，这种梯段称为梁板式梯段（图5-4）。

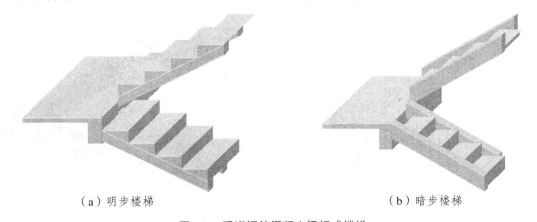

（a）明步楼梯　　　　　　　　　　　（b）暗步楼梯

图 5-4　现浇钢筋混凝土梁板式楼梯

16G101—2图集适用于现浇混凝土板式楼梯。16G101—2图集包含了12种常见的现浇混凝土板式楼梯，详见表5-1。

表 5-1　楼梯类型

梯板代号	适用范围		是否参与结构整体抗震计算	示意图
	抗震构造措施	适用结构		
AT	无	剪力墙、砌体结构	不参与	图 5-5
BT				图 5-6
CT	无	剪力墙、砌体结构	不参与	图 5-7
DT				图 5-8
ET	无	剪力墙、砌体结构	不参与	图 5-9
FT				图 5-10
GT	无	剪力墙、砌体结构	不参与	图 5-11
ATa	有	框架结构、框剪结构中框架部分	不参与	图 5-12
ATb			不参与	图 5-13
ATc			参与	图 5-14
CTa	有	框架结构、框剪结构中框架部分	不参与	图 5-15
CTb			不参与	图 5-16

5.1.1　AT~ET 型板式楼梯

AT~ET 型板式楼梯代号代表一段带上下支座的梯板。梯板的主体为踏步段，除踏步段之外，梯板可包括低端平板、高端平板以及中位平板。AT 型梯板全部由踏步段构成；BT 型梯板由低端平板和踏步段构成；CT 型梯板由踏步段和高端平板构成；DT 型梯板由低端平板、踏步板和高端平板构成；ET 型梯板由低端踏步段、中位平板和高端踏步段构成。AT~ET 型梯板的两端分别以（低端和高端）梯梁为支座（图 5-5~5-9）。

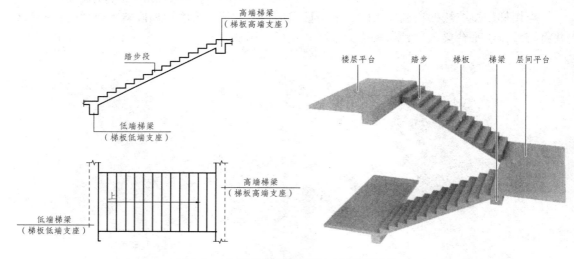

图 5-5　AT 型楼梯截面形状与三维示意图

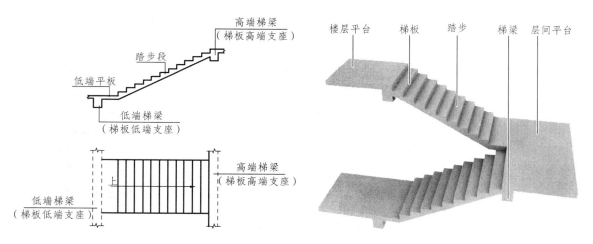

图 5-6　BT 型楼梯截面形状与三维示意图

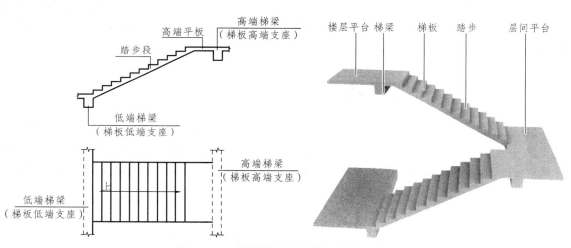

图 5-7　CT 型楼梯截面形状与三维示意图

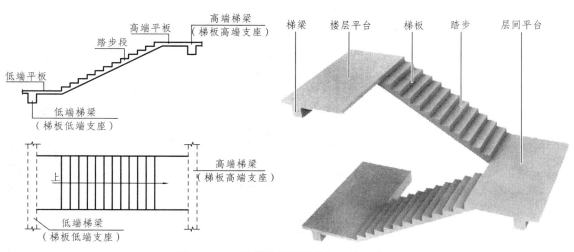

图 5-8　DT 型楼梯截面形状与三维示意图

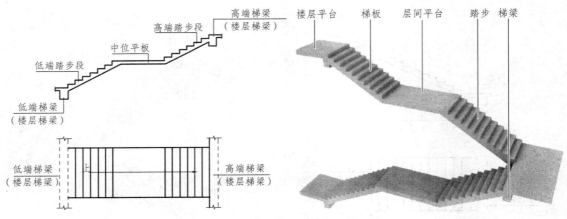

图 5-9 ET 型楼梯截面形状与三维示意图

AT~ET 型梯板的型号、板厚、上下部纵向钢筋及分布钢筋等内容由设计者在平法施工图中注明。梯板上部纵向钢筋向跨内伸出的水平投影长度见 16G101—2 图集中相应的标准构造详图，设计不注，但设计者应予以校核；当标准构造详图规定的水平投影长度不满足具体工程要求时，应由设计者另行注明。

5.1.2 FT、GT 型板式楼梯

FT、GT 每个代号代表两跑踏步段和连接它们的楼层平板及层间平板。FT 型由层间平板、踏步段和楼层平板构成，梯板一端的层间平板采用三边支承，另一端的楼层平板也采用三边支承；GT 型由层间平板和踏步段构成，梯板一端的层间平板采用三边支承，另一端的梯板段采用单边支承（在梯梁上）（图 5-10）。

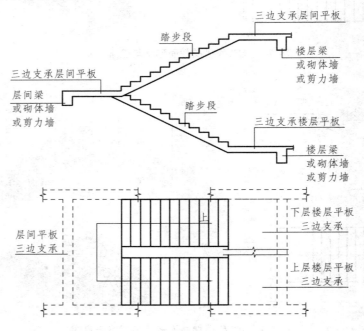

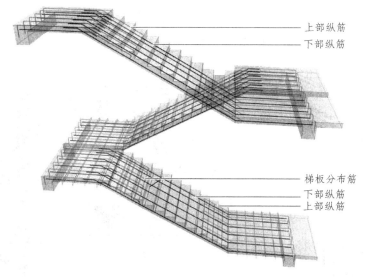

图 5-10　FT 型楼梯截面形状与三维示意图

FT、GT 型梯板的型号、板厚、上下部纵向钢筋及分布钢筋等内容由设计者在平法施工图中注明。FT、GT 型平台上部横向钢筋及其外伸长度，在平面图中原位标注。梯板上部纵向钢筋向跨内伸出的水平投影长度见 16G101—2 图集中相应的标准构造详图，设计不注，但设计者应予以校核；当标准构造详图规定的水平投影长度不满足具体工程要求时，应由设计者另行注明（图 5-11）。

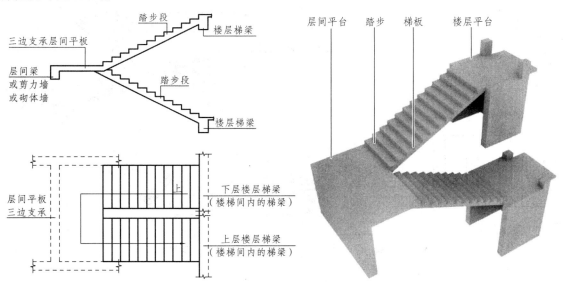

图 5-11　GT 型楼梯截面形状与三维示意图

5.1.3　ATa、ATb 型板式楼梯

ATa、ATb 型为带滑动支座的板式楼梯，梯板全部由踏步段构成，其支承方式为梯板高端均支承在梯梁上，ATa 型梯板低端带滑动支座支承在梯梁上，ATb 型梯板低端带滑动支座支承

在挑板上。

ATa、ATb 型梯板采用双层双向配筋（图 5-12、图 5-13）。

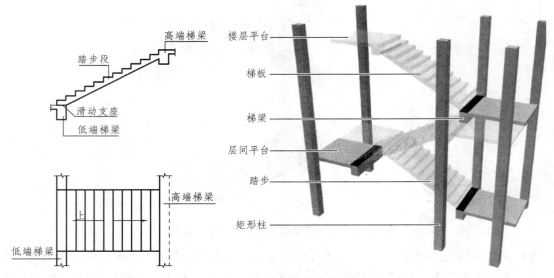

图 5-12　ATa 型楼梯截面形状与三维示意图

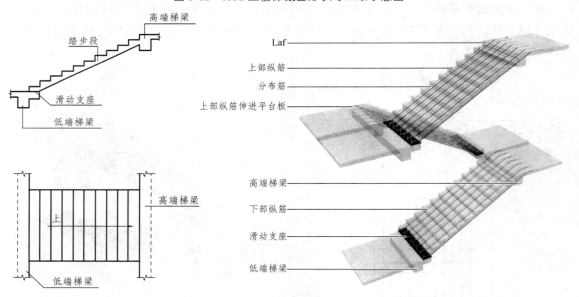

图 5-13　ATb 型楼梯截面形状与三维示意图

5.1.4　ATc 型板式楼梯

ATc 梯板全部由踏步段构成，其支承方式为梯板两端均支承在梯梁上。楼梯休息平台与主体结构可连接，也可脱开。梯板厚度应按计算确定，且不宜小于 140；梯板采用双层配筋。梯板两侧设置边缘构件（暗梁），边缘构件的宽度取 1.5 倍板厚；边缘构件纵筋数量，当抗震等级为一、二级时不少于 6 根，当抗震等级为三、四级时不少于 4 根；纵筋直径不小于 Φ12 且不小于梯板纵向受力钢筋的直径；箍筋直径不小于 Φ6，间距不大于 200。

平台板按双层双向配筋。

ATc 型楼梯作为斜撑构件，钢筋均采用符合抗震性能要求的热轧钢筋，钢筋的抗拉强度实测值与屈服强度实测值的比值不应小于 1.25；钢筋的屈服强度实测值与屈服强度标准值的比值不应大于 1.3，且钢筋在最大拉力下的总伸长率实测值不应小于 9%（图 5-14）。

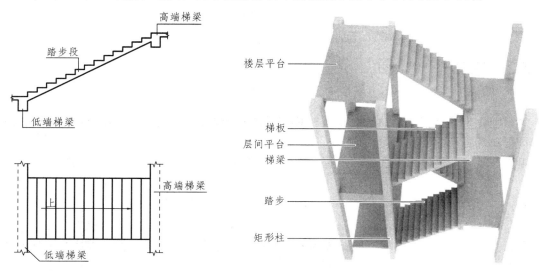

图 5-14　ATc 型楼梯截面形状与三维示意图

5.1.5　CTa、CTb 型板式楼梯

CTa、CTb 型为带滑动支座的板式楼梯，梯板由踏步段和高端平板构成，其支承方式为梯板高端均支承在梯梁上。CTa 型梯板低端带滑动支座支承在梯梁上，CTb 型梯板低端带滑动支座支承在挑板上（图 5-15、图 5-16）。

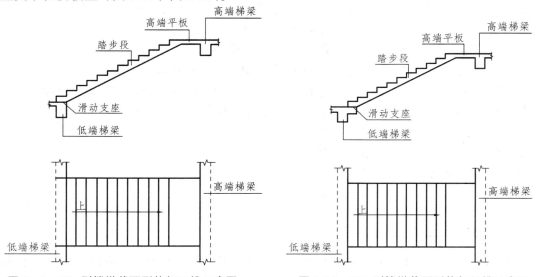

图 5-15　CTa 型楼梯截面形状与三维示意图　　　　图 5-16　CTb 型楼梯截面形状与三维示意图

CTa、CTb 型梯板采用双层双向配筋。

建筑专业地面、楼层平台板和层间平台板的建筑面层厚度通常与楼梯踏步面层厚度不同，为使建筑面层做好后的楼梯踏步等高，各型号楼梯踏步板的第一级踏步高度和最后一级踏步高度需要相应增加或减少，见楼梯剖面图，若没有楼梯剖面图，其取值方法详见 16G101—2图集第 50 页。

5.2 楼梯平法识图

本章主要讲述梯板的表达方式，与楼梯相关的平台板、梯梁、梯柱的注写方式见前三章的柱、梁和现浇板的平法识图。

现浇混凝土板式楼梯平法施工图有平面注写、剖面注写和列表注写三种表达方式。

5.2.1 平面注写方式

平面注写方式，系在楼梯平面布置图上注写截面尺寸和配筋具体数值来表达楼梯施工图。包括集中标注和外围标注。

（一）集中标注

楼梯集中标注的内容有五项，具体规定如下：

（1）梯板类型代号与序号，如 AT××。

（2）梯板厚度，注写为 h=×××。当为带平板的梯板且梯段板厚度与平板厚度不同时，可在梯段板厚度后面括号内以字母 P 打头注写平板厚度。

【例 5-1】h=130(P150)，130 表示梯段板厚度，150 表示梯板平板段的厚度。

（3）踏步段总高度和踏步级数，之间以"/"分隔。

（4）梯板支座上部纵筋、下部纵筋之间以";"分隔。

（5）梯板分布筋，以 F 打头注写分布钢筋具体值，该项也可在图中统一说明。

除以上五项内容外，对于 ATc 型楼梯尚应注明梯板两侧边缘构件纵向钢筋及箍筋。

【例 5-2】平面图中梯板类型及配筋的完整标注示例如下（AT 型）：

AT.1，h=120　　梯板类型及编号，梯板厚度

1 800/12　　踏步段总高度/踏步级数

Φ10@200；Φ12@150　　上部纵筋；下部纵筋

Fϕ8@250　　梯板分布筋（可统一说明）

（二）外围标注

楼梯外围标注的内容，包括楼梯间的平面尺寸、楼层结构标高、层间结构标高、楼梯的上下方向、梯板的平面几何尺寸、平台板配筋、梯梁及梯柱配筋等。

5.2.2 剖面注写方式

剖面注写方式需在楼梯平法施工图中绘制楼梯平面布置图和楼梯剖面图，注写方式分平面注写、剖面注写两部分。

（一）平面注写

楼梯平面布置图注写内容，包括楼梯间的平面尺寸、楼层结构标高、层间结构标高、楼梯的上下方向、梯板的平面几何尺寸、梯板类型及编号、平台板配筋、梯梁及梯柱配筋等。

（二）剖面注写

楼梯剖面图的注写内容，包括梯板集中标注、梯梁梯柱编号、梯板水平及竖向尺寸、楼层结构标高、层间结构标高等。

梯板集中标注的内容有四项：

（1）梯板类型及编号，如 AT××。

（2）梯板厚度，注写为 $h=×××$。当梯板由踏步段和平板构成，且踏步段梯板厚度和平板厚度不同时，可在梯板厚度后面括号内以字母 P 打头注写平板厚度。

（3）梯板配筋。注明梯板上部纵筋和梯板下部纵筋，用分号"；"将上部与下部纵筋的配筋值分隔开来。

（4）梯板分布筋，以 F 打头注写分布钢筋具体值，该项也可在图中统一注明。

除以上四项外，ATc 型楼梯尚应注明梯板两侧边缘构件纵向钢筋及箍筋。

【例 5-3】剖面图中梯板配筋完整的标注如下：

AT1，$h=120$ 梯板类型及编号，梯板板厚

Φ10@200；Φ12@150   上部纵筋；下部纵筋

Fϕ8@250   梯板分布筋（可统一说明）

5.2.3 列表注写方式

列表注写方式，系用列表方式注写梯板截面尺寸和配筋具体数值来表达楼梯施工图。

列表注写方式的具体要求同剖面注写方式，仅将剖面注写方式中的集中标注中梯板配筋项改为列表注写即可。

梯板列表格式见表 5-2。

表 5-2　梯板几何尺寸和配筋

梯板编号	踏步段总高度/踏步级数	板厚 h	上部纵向钢筋	下部纵向钢筋	分布筋

此外，楼层平台梁板配筋可绘制在楼梯平面图中，也可在各层梁板配筋图中绘制；层间平台梁板配筋在楼梯平面图中绘制。楼层平台板可与该层的现浇楼板整体设计。

5.2.4 楼梯平法识图示例

本书以 AT 型楼梯为例对三种注写方式进行示例。两梯梁之间的矩形梯板全部由踏步段构成，即踏步段两端均以梯梁为支座，凡是满足该条件的楼梯均可为 AT 型。如双跑楼梯、双分平行楼梯（图 5-17）和剪刀楼梯（图 5-18）等。

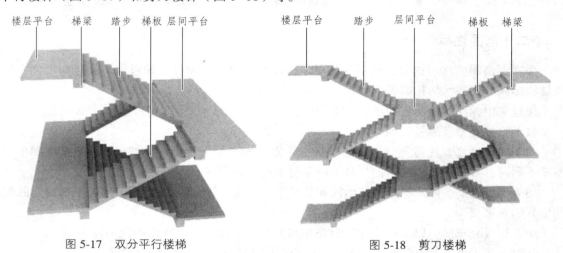

图 5-17 双分平行楼梯   图 5-18 剪刀楼梯

（一）平面注写方式示例

AT 型楼梯的平面注写方式如图 5-19 所示，集中注写的内容见表 5-3。

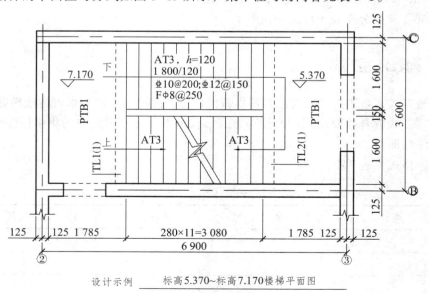

设计示例   标高5.370~标高7.170楼梯平面图

图 5-19 AT 型楼梯平面注写方式示例

表 5-3　AT 型楼梯平面注写集中标注内容

序号	注写内容	示例
①	梯板类型代号与序号	AT3
②	梯板厚度	$h=120$
③	踏步段总高度 Hs/踏步级数$(m+1)$	1 800/12
④	上部纵筋及下部纵筋	$\Phi10@200$；$\Phi12@150$
⑤	梯板分布筋	$F\phi8@250$

　　在图 5-19 的外围标注中，详细注明了楼梯间的平面尺寸、楼层结构标高、层间结构标高、楼梯的上下方向、梯板的平面几何尺寸等；平台板配筋、梯梁及梯柱配筋在该楼梯平面布置图中未注明，详见板、梁、柱等平面布置图。

（二）剖面注写方式示例

　　如图 5-20 所示，在楼梯平面布置图中注写楼梯间的平面尺寸、楼层结构标高、层间结构标高、楼梯的上下方向、梯板的平面几何尺寸、梯板类型及编号，并绘制剖面线符号。平台板、梯梁、梯柱的配筋见板、梁、柱平法施工图。

　　在剖面图中，注写梯板集中标注内容、梯梁梯柱编号、梯板水平及竖向尺寸、楼层结构标高、层间结构标高等内容（图 5-21）。

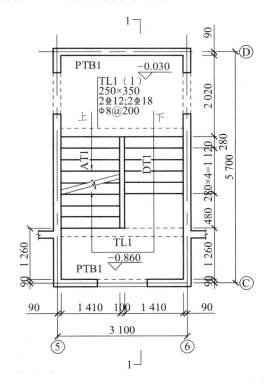

标高−0.860～标高−0.030楼梯平面图

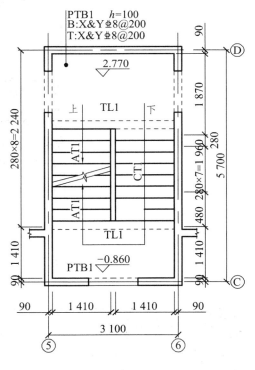

标高−1.450～标高−2.770楼梯平面图

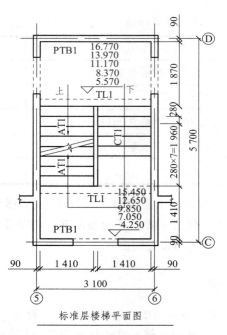

标准层楼梯平面图

图 5-20 AT~DT 型楼梯剖面注写方式示例

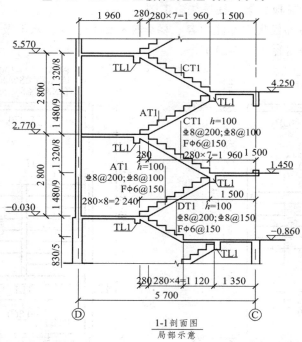

1-1剖面图
局部示意

列表注写方式

梯板编号	踏步段总高度/踏步级数	板厚 h	上部纵向钢筋	下部纵向钢筋	分布筋
AT1	1 480/9	100	⊈8@200	⊈8@100	Φ6@150
CT1	1 320/8	100	⊈8@200	⊈8@100	Φ6@150
DT1	830/5	100	⊈8@200	⊈8@100	Φ6@150

图 5-21 AT~DT 型楼梯列表注写方式示例

（三）列表注写方式示例

如图 5-21 所示，列表注写方式与剖面注写方式类似，仅将剖面注写中的集中标注部分用列表形式表达即可。

5.3 楼梯钢筋算量

各种类型楼梯的钢筋构造详见 16G101—2 图集。本书以 AT 型楼梯为例对楼梯钢筋工程量的计算方法进行讲解。AT 型楼梯的钢筋构造见图 5-22，钢筋三维模型见图 5-23。

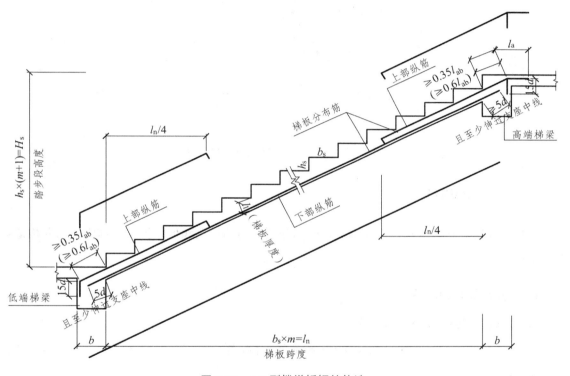

图 5-22　AT 型楼梯板钢筋构造

AT 型楼梯钢筋工程量计算条件及系数见表 5-4。

表 5-4　AT 型楼梯钢筋工程量计算条件及系数

梯板净跨度	梯板净宽度	梯板厚度	踏步宽度	踏步高度	斜度系数
l_n	b_n	h	b_s	h_s	k

在钢筋计算中，经常需要通过水平投影长度计算斜长：

$$斜长=水平投影长度×斜度系数 k \qquad （式 5-1）$$

上式中，斜度系数 k 可以通过踏步宽度和踏步高度来进行计算：

$$斜度系数\ k = \sqrt{b_s^2 + h_s^2}\ /\ b_s \qquad（式5-2）$$

当梯板配筋采用 HPB300 光圆钢筋时，除梯板上部纵筋的跨内端头做成 90°弯钩外，所有末端应做 180°弯钩。分布筋不设弯钩。

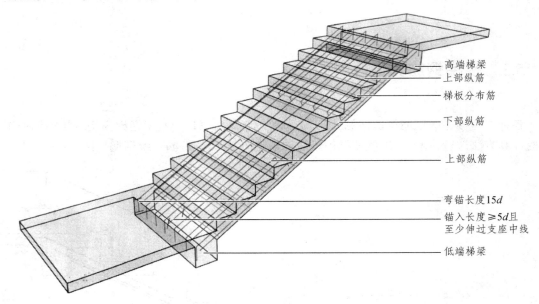

图 5-23　AT 型楼梯板钢筋三维模型

5.3.1　下部纵筋

AT 型梯板的下部纵筋为贯通钢筋，两端分别在高端梯梁和低端梯梁内锚固，锚固构造见图 5-22。

（一）下部纵筋长度

下部纵筋长度计算公式可写为：

$$下部纵筋单根长度＝高端锚固＋梯板斜长＋低端锚固 \qquad（式5-3）$$

式中：

（1）高端锚固和低端锚固长度取：$\max(5d, 1/2\ 支座宽×斜度系数\ k)$；

（2）梯板斜长＝梯板跨度 l_n×斜度系数 k；

（3）光圆钢筋 HPB300 两端需设置 180°弯钩，每个弯钩长度为 6.25d。

（二）下部纵筋根数

下部纵筋的分布范围为梯板宽度范围内，因此下部纵筋的根数可按下式计算：

$$下部纵筋根数＝（梯板宽 b_n-2×保护层）/间距＋1 \qquad（式5-4）$$

【例 5-4】计算本章案例背景 AT3 梯板的下部纵筋工程量。

【分析】如图 5-2，AT3 楼梯下部钢筋配筋为 $\Phi12@150$，计算条件见表 5-5。下部纵筋工程量计算过程见表 5-6。

表 5-5　AT3 楼梯计算条件

梯板净跨度 l_n	梯板净宽度 b_n	梯板厚度 h	踏步宽度 b_s	踏步高度 h_s	斜度系数
3 080	1 600	120	280	150	k

表 5-6　AT3 下部钢筋工程量计算过程

项目	计算步骤	计算过程
长度	计算斜度系数 k	$k = \sqrt{b_s^2 + h_s^2} / b_s = \sqrt{280^2 + 150^2} / 280 = 1.134$
	计算锚固长度	$\max(5d, 1/2$ 支座宽×斜度系数 $k)=\max(5 \times 12, 1/2 \times 200 \times 1.134)=113.4$
	计算梯板斜长	梯板斜长＝梯板跨度 l_n×斜度系数 $k=3\,080 \times 1.134 = 3\,492.7$
	计算下部纵筋单根长度	长度＝高端锚固＋梯板斜长＋低端锚固=113.4+3 492.7+113.4=3 720
根数	下部纵筋根数	根数＝(梯板宽 b_n−2×保护层)/间距+1=(1 600−2×15)/150+1=12

【计算结果】计算结果表明，该 AT3 在标高 5.370~7.170 的梯板内设置下部纵筋为直径 12 mm 的 HRB400 钢筋计 12 根，下部纵筋单根长度 3 720 mm。

5.3.2　下部纵筋分布筋

（一）分布筋长度

$$下部纵筋的分布筋长度＝梯板宽 b_n-2×保护层 \qquad （式 5-5）$$

（二）分布筋根数

下部纵筋分布筋的分布范围为梯板斜长范围内，因此分布筋的根数可按下式计算：

$$下部纵筋的分布筋根数＝(梯板跨度 l_n×斜度系数 k-2×起步距离)/$$
$$间距+1 \qquad （式 5-6）$$

上式中，起步距离通常取 50 mm。

【例 5-5】计算本章案例背景 AT3 梯板的下部纵筋的分布筋工程量。

【分析】如图 5-2，AT3 楼梯分布筋配筋为 $\Phi8@250$，计算条件见表 5-7。分布筋工程量计算过程见表 5-8。

表 5-7　AT3 楼梯计算条件

梯板净跨度 l_n	梯板净宽度 b_n	梯板厚度 h	踏步宽度 b_s	踏步高度 h_s	斜度系数
3 080	1 600	120	280	150	k

【计算结果】计算结果表明，该 AT3 在标高 5.370~7.170 的梯板内下部纵筋的分布筋为直径 8 mm 的 HPB300 钢筋计 15 根，下部纵筋的分布筋单根长度 1 570 mm。

表 5-8　AT3 下部钢筋分布筋工程量计算过程

项目	计算步骤	计算过程
长度	下部纵筋分布筋长度	长度=梯板宽 $b_n-2×$ 保护层=1 600−2×15=1 570
根数	计算斜度系数 k	$k=\sqrt{b_s^2+h_s^2}/b_s=\sqrt{280^2+150^2}/280=1.134$
根数	计算分布筋根数	根数=(梯板跨度 $l_n×$ 斜度系数 $k-2×$ 起步距离)/间距+1 =(3 080×1.134−2×50)/250+1=15

5.3.3　上部纵筋

（一）上部纵筋长度

如图 5-22 所示，AT 型梯板的上部纵筋在梯板范围内不贯通，而是在高低端分别设置。每根上部纵筋在梯梁内锚固并伸入梯板一段长度后向板内弯折 90°。因此，上部纵筋单根长度可写为：

$$长度=15d+(梯梁宽-梁保护层+l_n/4)×斜度系数\ k+$$
$$(梯板厚\ h-2×板保护层) \qquad （式 5-7）$$

上式中，当采用光圆钢筋 HPB300 时，支座锚固时应设置 180°弯钩，长度加 6.25d。

（二）上部纵筋根数

$$上部纵筋根数=(梯板宽\ b_n-2×保护层)/间距+1 \qquad （式 5-8）$$

应注意，上部钢筋在高端和低端的长度计算及根数计算方法相同。

【例 5-6】计算本章案例背景 AT3 梯板的上部纵筋的工程量。

【分析】如图 5-2 所示，AT3 楼梯上部钢筋配筋为 ⏀10@200，计算条件见表 5-9。上部纵筋工程量计算过程见表 5-10。

表 5-9　AT3 楼梯计算条件

梯板净跨度 l_n	梯板净宽度 b_n	梯板厚度 h	踏步宽度 b_s	踏步高度 h_s	斜度系数
3 080	1 600	120	280	150	k

表 5-10　AT3 上部钢筋工程量计算过程

项目	计算步骤	计算过程
长度	计算斜度系数 k	$k=\sqrt{b_s^2+h_s^2}/b_s=\sqrt{280^2+150^2}/280=1.134$
长度	计算高端上部纵筋长度	长度=15d+(梯梁宽−梁保护层+l_n/4)×斜度系数 k+(梯板厚 h−2×板保护层) =15×10+(200−30+3 080/4)×1.134+(120−2×15)=1 306
长度	计算低端上部纵筋长度	同上，1 306 mm
根数	计算高端上部纵筋根数	根数=(梯板宽 b_n−2×保护层)/间距+1=(1 600−2×15)/200+1=9
根数	计算低端上部纵筋根数	同上，9 根

【计算结果】计算结果表明，该 AT3 在标高 5.370~7.170 的梯板内设置上部纵筋为直径 10 mm 的 HRB400 钢筋，梯板高端设置上部纵筋 9 根，梯板低端设置上部纵筋 9 根，该梯段上部纵筋单根长度均为 1 306 mm。

5.3.4　上部纵筋分布筋

（一）分布筋长度

$$上部纵筋的分布筋长度 = 梯板宽 \, b_\mathrm{n} - 2 \times 保护层 \qquad （式 5\text{-}9）$$

（二）分布筋根数

上部纵筋的分布筋在上部纵筋伸入梯板的范围内布置，高端与低端计算方法相同。

$$上部纵筋的分布筋根数 = [(l_\mathrm{n}/4 \times 斜度系数 \, k) - 50] / 间距 + 1 \qquad （式 5\text{-}10）$$

【例 5-7】计算本章案例背景 AT3 梯板的上部纵筋的分布筋工程量。

【分析】如图 5-2，AT3 楼梯分布筋配筋为 Φ8@250，计算条件见表 5-11。分布筋工程量计算过程见表 5-12。

表 5-11　AT3 楼梯计算条件

梯板净跨度 l_n	梯板净宽度 b_n	梯板厚度 h	踏步宽度 b_s	踏步高度 h_s	斜度系数
3 080	1 600	120	280	150	k

表 5-12　AT3 上部钢筋分布筋工程量计算过程

	计算步骤	计算过程
长度	计算高端上部纵筋分布筋长度	长度 = 梯板宽 b_n - 2 × 保护层 = 1 600 - 2 × 15 = 1 570
	计算低端上部纵筋分布筋长度	同上，1 570 mm
根数	计算斜度系数 k	$k = \sqrt{b_\mathrm{s}^2 + h_\mathrm{s}^2} / b_\mathrm{s} = \sqrt{280^2 + 150^2} / 280 = 1.134$
	计算高端上部纵筋分布筋根数	根数 = $[(l_\mathrm{n}/4 \times 斜度系数 \, k) - 50] / 间距 + 1$ $= [(3\,080/4 \times 1.134) - 50] / 250 + 1 = 5$
	计算低端上部纵筋分布筋根数	同上，5 根

【计算结果】计算结果表明，该 AT3 在标高 5.370~7.170 的梯板内设置上部纵筋的分布筋为直径 8 mm 的 HPB300 钢筋，梯板高端设置上部纵筋的分布筋 5 根，梯板低端设置上部纵筋的分布筋 5 根，该梯段上部纵筋分布筋单根长度均为 1 570 mm。

【课堂实训】

根据图 5-24 所示某建筑标准层楼梯平法施工图，计算标高 -0.030~1.450 段 AT1 的钢筋工程量。梯梁均为 200×500，梁保护层 25 mm，板保护层 15 mm。

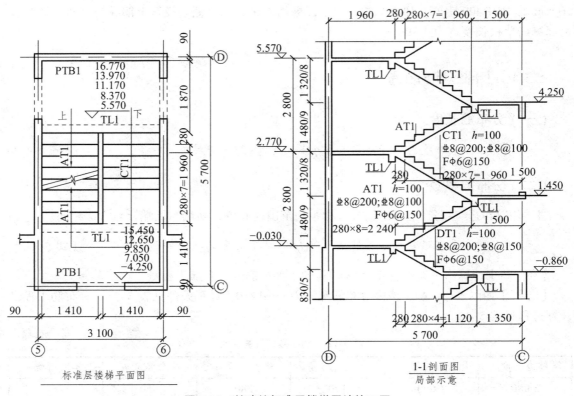

图 5-24　某建筑标准层楼梯平法施工图

任务六　基础平法识图与钢筋算量

【案例背景】

某梁板式筏形基础建筑三维模型见图 6-1，平法施工图见图 6-2。图中所有柱截面均为 600×600，未标明的混凝土强度均为 C30，柱保护层 30 mm，基础梁保护层 40 mm，基础底板保护层 40 mm。基础底板采用 U 形钢筋封边。

思考：该基础的钢筋型号有哪些？各自工程量为多少？

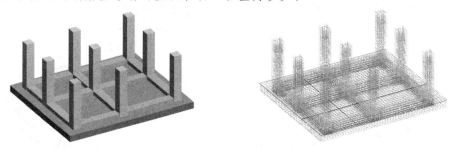

图 6-1　某梁板式筏形基础建筑三维图

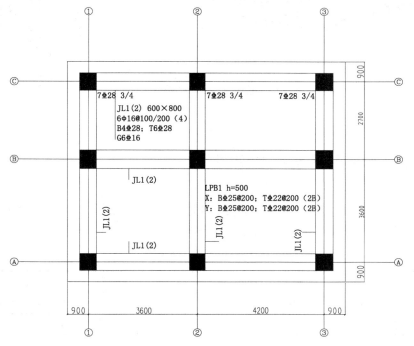

图 6-2　某梁板式筏形基础平法施工图

6.1 基础的类型

基础的类型与建筑物上部结构形式、荷载大小、地基的承载力、地基上的地质、水文情况、材料性能等因素相关。基础按构造的方式可分为独立基础、条形基础、筏形基础、桩基础等（图6-3）。

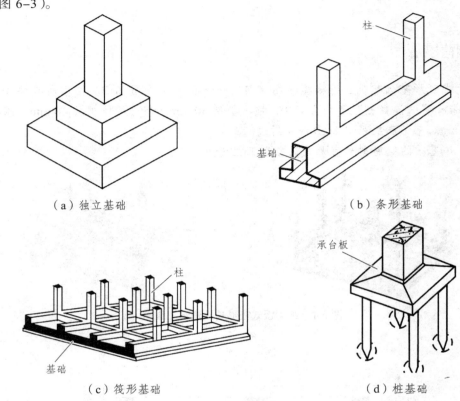

（a）独立基础 （b）条形基础

（c）筏形基础 （d）桩基础

图6-3 基础类型

6.2 梁板式筏形基础平法识图

筏形基础可分为梁板式筏形基础和平板式筏形基础。梁板式筏形基础由基础主梁、基础次梁和基础平板构成（图6-4）。编号按表6-1注写。

表6-1 梁板式筏形基础构件编号

构件类型	代号	序号	跨数及有无外伸
基础主梁（柱下）	JL	××	（××）或（××A）或（××B）
基础次梁	JCL	××	（××）或（××A）或（××B）
梁板式基础平板	LPB	××	

在表 6-1 中，应注意：

（1）（××A）为一段有外伸，（××B）为两端有外伸，外伸不计入跨数。

【例 6-1】JL7（5B）表示第 7 号基础主梁，5 跨，两端有外伸。

（2）梁板式筏形基础平板跨数及是否有外伸分别在 X、Y 两向的贯通纵筋之后表达。图面从左至右为 X 向，从下至上为 Y 向。

（3）梁板式筏形基础主梁与条形基础梁编号与构造详图一致。

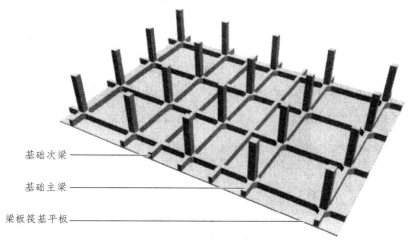

基础次梁

基础主梁

梁板筏基平板

图 6-4　梁板式筏形基础构成

梁板式筏形基础平法施工图，系在基础平面布置图上采用平面注写方式进行表达。

当绘制基础平面布置图时，应将梁板式筏形基础与其所支承的柱、墙一起绘制。梁板式筏形基础以多数相同的基础平板底面标高作为基础底面基准标高。当基础底面标高不同时，需注明与基础底面基准标高不同之处的范围和标高。

通过选注基础梁底面与基础平板底面的标高高差来表达两者间的位置关系，可以明确其"高板位"（梁顶与板顶一平）[图 6-5-（a）]、"低板位"（梁底与板底一平）[图 6-5-（b）]以及"中板位"（板在梁的中部）[图 6-5-（c）]三种不同位置组合的筏形基础，方便设计表达。

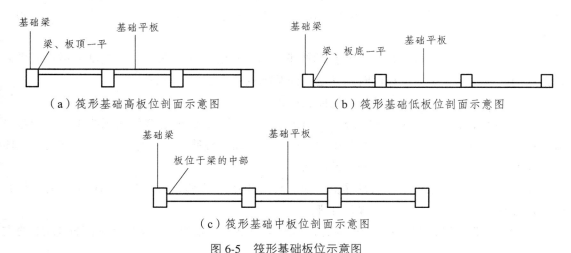

图 6-5　筏形基础板位示意图

对于轴线未居中的基础梁，应标注其定位尺寸。

6.2.1 基础梁平法注写

基础主梁 JL 与基础次梁 JCL 的平面注写方式，分集中标注与原位标注两部分内容。当集中标注中的某项数值不适用于梁的某部位时，则将该项数值采用原位标注，施工时，原位标注优先。

（一）集中标注

基础主梁 JL 与基础次梁 JCL 的集中标注内容为：基础梁编号、截面尺寸、配筋三项必注内容，以及基础梁底面标高高差（相对于筏形基础平板底面标高）一项选注内容。

1. 注写基础梁的编号

基础梁的编号注写见表 6-1。

2. 注写基础梁的截面尺寸

以 $b \times h$ 表示梁截面宽度与高度；当某基础梁为竖向加腋梁时，用 $b \times h$ $Yc_1 \times c_2$ 表示，其中 c_1 为腋长，c_2 为腋高。

3. 注写基础梁的配筋

（1）注写基础梁箍筋。

当采用一种箍筋间距时，注写钢筋级别、直径、间距与肢数（写在括号内）；

当采用两种箍筋时，用"/"分隔不同箍筋，按照从基础梁两端向跨中的顺序注写。先注写第 1 段箍筋（在前面加注箍数），在斜线后再注写第 2 段箍筋（不再加注箍数）。

【例 6-2】9Φ16@100/Φ16@200（6），表示配置 HRB400，直径为 16 的箍筋。间距为两种，从梁两端起向跨内按箍筋间距 100 每端各设置 9 道，梁其余部位的箍筋间距为 200，均为 6 肢箍。

施工时应注意，两向基础主梁相交的柱下区域，应有一向截面较高的基础主梁箍筋贯通设置；当两向基础主梁高度相同时，任选一向基础主梁箍筋贯通设置。

（2）注写基础梁的底部、顶部及侧面纵向钢筋。

以 B 打头，先注写梁底部贯通纵筋（不应少于底部受力钢筋总截面面积的 1/3）。当跨中所注根数少于箍筋肢数时，需要在跨中加设架立筋以固定箍筋，注写时，用"+"将贯通纵筋与架立筋相联，架立筋注写在加号后面的括号内。

以 T 打头，注写梁顶部贯通纵筋值。注写时用分号"；"将底部与顶部纵筋分隔开，如有个别跨与其不同，按原位注写的规定处理。

【例 6-3】B4Φ32；T7Φ32，表示梁的底部配置 4Φ2 的贯通纵筋，梁的顶部配置 7Φ32 的贯通纵筋。

当梁底部或顶部贯通纵筋多于一排时，用斜线"/"将各排纵筋自上而下分开。

【例6-4】梁底部贯通纵筋注写为B8单28 3/5，则表示上一排纵筋为3单28，下一排纵筋为5单28。

以大写字母G打头注写基础梁两侧面对称设置的纵向构造钢筋的总配筋值（当梁腹板高度 h_w 不小于450时，根据需要配置）。

【例6-5】G8单16，表示梁的两个侧面共配置8单16的纵向构造钢筋，每侧各配置4单16。

当需要配置抗扭纵向钢筋时，梁两个侧面设置的抗扭纵向钢筋以N打头。

【例6-6】N8单16，表示梁的两个侧面共配置8单16的纵向抗扭钢筋，沿截面周边均匀对称设置。

4. 注写基础梁底面标高高差

基础梁底面标高高差系相对于筏形基础平板底面标高的高差值。该项为选注值。有高差时需将高差写入括号内（如"高板位"与"中板位"基础梁的底面与基础平板底面标高的高差值），无高差时不注（如"低板位"筏形基础的基础梁）。

（二）原位标注

基础主梁与基础次梁的原位标注规定如下。

1. 梁支座的底部纵筋

梁支座的底部纵筋系包含贯通纵筋与非贯通纵筋在内的所有纵筋。

（1）当底部纵筋多于一排时，用"/"将各排纵筋自上而下分开。

【例6-7】梁端（支座）区域底部纵筋注写为10单25 4/6，则表示上一排纵筋为4单25，下一排纵筋为6单25。

（2）当同排纵筋有两种直径时，用加号"+"将两种直径的纵筋相联。

【例6-8】梁端（支座）区域底部纵筋注写为4单28+2单25，表示一排纵筋由两种不同直径钢筋组合。

（3）当梁中间支座两边的底部纵筋配置不同时，需在支座两边分别标注；当梁中间支座两边的底部纵筋相同时，可仅在支座的一边标注配筋值。

（4）当梁端（支座）区域的底部全部纵筋与集中注写过的贯通纵筋相同时，可不再重复做原位标注。

（5）竖向加腋梁加腋部位钢筋，需在设置加腋的支座处以Y打头注写在括号内。

【例6-9】竖向加腋梁端（支座）处注写为Y4单25，表示竖向加腋部位斜纵筋为4单25。

2. 基础梁的附加箍筋或（反扣）吊筋

将其直接画在平面图中的主梁上，用线引注总配筋值（附加箍筋的肢数注在括号内），当多数附加箍筋或（反扣）吊筋相同时，可在基础梁平法施工图上统一注明，少数与统一注明值不同时，再原位引注。

3. 当基础梁外伸部位为变截面高度时

在该部位原位注写 $b×h_1/h_2$，h_1 为根部截面高度，h_2 为末端截面高度。

4. 注写修正内容

当在基础梁上集中标注的某项内容（如梁截面尺寸、箍筋、底部与顶部贯通纵筋或架立筋、梁侧面纵向构造钢筋、梁底面标高高差等）不适用于某跨或某外伸部分时，则将其修正内容原位标注在该跨或该外伸部位，施工时原位标注取值优先。

当在多跨基础梁的集中标注中已注明竖向加腋，而该梁某跨根部不需要竖向加腋时，则应在该跨原位标注等截面的 $b×h$，以修正集中标注中的加腋信息。

6.2.2 基础平板平法注写

梁板式筏形基础平板 LPB 的平面注写，分为集中标注和原位标注两部分内容。

（一）集中标注

梁板式筏形基础平板 LPB 贯通纵筋的集中标注，应在所表达的板区双向均为第一跨（X 与 Y 双向首跨）的板上引出（图面从左至右为 X 向，从下至上为 Y 向）。

板区划分条件：板厚相同，基础平板底部与顶部贯通纵筋配置相同的区域为同一板区。

集中标注的内容包括：

（1）注写基础平板的编号，见表 6-1。

（2）注写基础平板的截面尺寸。注写为 $h=×××$ 表示板厚。

（3）注写基础平板的底部与顶部贯通纵筋及其跨数及外伸情况。

先注写 X 向底部（B 打头）贯通纵筋与顶部（T 打头）贯通纵筋及纵向长度范围；再注写 Y 向底部（B 打头）贯通纵筋与顶部（T 打头）贯通纵筋及其跨数及外伸情况（图面从左至右为 X 向，从下至上为 Y 向）。

贯通纵筋的跨数及外伸情况注写在括号中，注写方式为"跨数及有无外伸"，表达形式为：（××）（无外伸）、（××A）（一端有外伸）或（××B）（两端有外伸）。

应注意，基础平板的跨数以构成柱网的主轴线为准；两主轴线之间无论有几道辅助轴线（例如框筒结构中混凝土内筒中的多道墙体），均可按一跨考虑。

【例 6-10】X：B⊈22@150；T⊈20@150；（5B）

　　　　　Y：B⊈20@200；T⊈18@200；（7A）

表示基础平板 X 向底部配置 ⊈22 间距 150 的贯通纵筋；顶部配置 ⊈20 间距 150 的贯通纵筋，共 5 跨两端有外伸；Y 向底部配置 ⊈20 间距 200 的贯通纵筋，顶部配置 ⊈18 间距 200 的贯通纵筋，共 7 跨一端有外伸。

当贯通筋采用两种规格钢筋"隔一布一"方式时，表达为 $\Phi xx/yy@×××$，表示直径 xx 的钢筋和直径 yy 的钢筋之间的间距为 $×××$，直径为 xx 的钢筋、直径为 yy 的钢筋间距分别为 $×××$ 的 2 倍。

【例 6-11】⊈10/12@100 表示贯通纵筋为 ⊈10、⊈12 隔一布一，相邻 ⊈10 与 ⊈12 之间距离为 100。

在施工及预算方面应注意：当基础平板分板区进行集中标注，且相邻板区板底一平时，两种不同配置的底部贯通纵筋应在两毗邻板跨中配筋较小板跨的跨中连接区域连接（即配置较大板跨的底部贯通纵筋需越过板区分界线伸至毗邻板跨的跨中连接区域，具体位置见 16G101—3 图集中标准构造详图）。

（二）原位标注

梁板式筏形基础平板 LPB 的原位标注，主要表达板底部附加非贯通纵筋。

（1）原位注写位置及内容。

板底部原位标注的附加非贯通纵筋，应在配置相同跨的第一跨表达（当在基础梁悬挑部位单独配置时则在原位表达）。在配置相同跨的第一跨（或基础梁外伸部位），垂直于基础梁绘制一段中粗虚线（当该筋通长设置在外伸部位或短跨板下部时，应画至对边或贯通短跨），在虚线上注写编号（如①、②等）、配筋值、横向布置的跨数及是否布置到外伸部位。

应注意：（××）为横向布置的跨数，（××A）为横向布置的跨数及一端基础梁的外伸部位，（××B）为横向布置的跨数及两端基础梁外伸部位。

板底部附加非贯通纵筋自支座中线向两边跨内的伸出长度值注写在线段的下方位置。当该筋向两侧对称伸出时，可仅在一侧标注，另一侧不注；当布置在边梁下时，向基础平板外伸部位一侧的伸出长度与方式按标准构造，设计不注。底部附加非贯通筋相同者，可仅注写一处，其他只注写编号。横向连续布置的跨数及是否布置到外伸部位，不受集中标注贯通纵筋的板区限制。

【例 6-12】在基础平板第一跨原位注写底部附加非贯通纵筋 Φ18@300（4A），表示在第一跨至第四跨板且包括基础梁外伸部位横向配置 Φ18@300 底部附加非贯通纵筋。伸出长度值略。

原位注写的底部附加非贯通纵筋与集中标注的底部贯通钢筋，宜采用"隔一布一"方式布置，即基础平板（X 向或 Y 向）底部附加非贯通纵筋与贯通纵筋间隔布置，其标注间距与底部贯通纵筋相同（两者实际组合后的间距为各自标注间距的 1/2）。

【例 6-13】原位注写的基础平板底部附加非贯通纵筋为⑤Φ22@300（3），该 3 跨范围集中标注的底部贯通纵筋为 BΦ22@300，在该 3 跨支座处实际横向设置的底部纵筋合计为 Φ22@150。其他与⑤号筋相同的底部附加非贯通纵筋可仅注编号⑤。

【例 6-14】原位注写的基础平板底部附加非贯通纵筋为②Φ25@300（4），该 4 跨范围集中标注的底部贯通纵筋为 BΦ22@300，表示该 4 跨支座处实际横向设置的底部纵筋为 Φ25 和 Φ22 间隔布置，相邻 Φ25 与 Φ22 之间距离为 150。

（2）注写修正内容。

当集中标注的某些内容不适用于梁板式筏形基础平板某板区的某一板跨时，应由设计者在该板跨内注明，施工时应按注明内容取用。

（3）当若干基础梁下基础平板的底部附加非贯通纵筋配置相同时（其底部、顶部的贯通纵筋可以不同），可仅在一根基础梁下做原位注写，并在其他梁上注明"该梁下基础平板底部附加非贯通纵筋同××基础梁"。

梁板式筏形基础平板 LPB 的平面注写规定，同样适用于钢筋混凝土墙下的基础平板。

（三）其他内容

此外，在梁板式筏形基础平法施工图中，尚应注明以下内容：

（1）当在基础平板周边沿侧面设置纵向构造钢筋时，应在图中注明。

（2）应注明基础平板外伸部位的封边方式，当采用 U 形钢筋封边时应注明其规格、直径及间距。

（3）当基础平板外伸为变截面高度时，应注明外伸部位的 h_1/h_2，h_1 为板根部截面高度，h_2 为板末端截面高度。

（4）当基础平板厚度大于 2 m 时，应注明具体构造要求。

（5）当在基础平板外伸阳角部位设置放射筋时，应注明放射筋的强度等级、直径、根数以及设置方式等。

（6）板的上下部纵筋之间设置拉筋时，应注明拉筋的强度等级、直径、双向间距等。

（7）应注明混凝土垫层厚度与强度等级。

（8）结合基础主梁交叉纵筋的上下关系，当基础平板同一层面的纵筋相交叉时，应注明何向纵筋在下，何向纵筋在上。

（9）设计需注明的其他内容。

6.2.3　梁板式筏形基础平法识图示例

某梁板式筏形基础平法标注如本节案例所示，其建筑三维图见图 6-6。

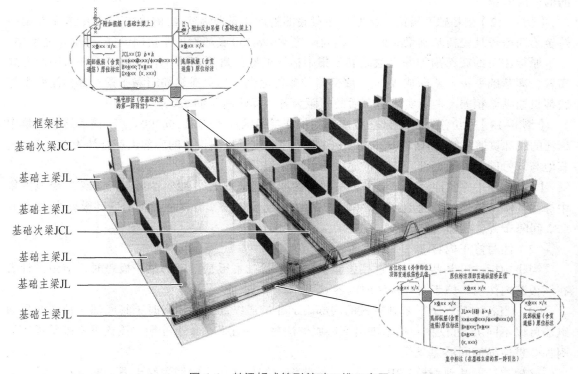

图 6-6　某梁板式筏形基础三维示意图

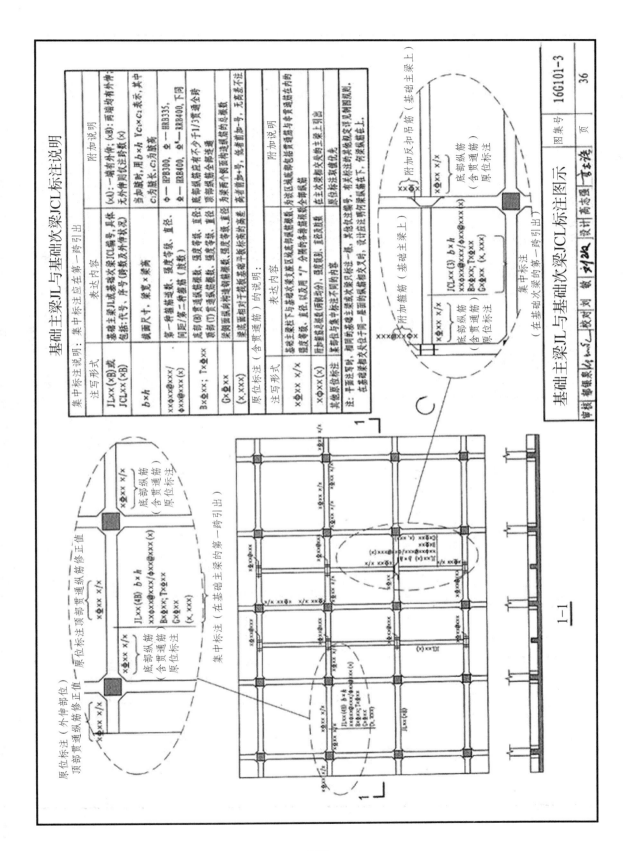

基础主梁JL与基础次梁JCL标注说明

集中标注说明：集中标注应在第一跨引出

注写形式	表达与内容	附加说明
JLxx(xB)或 JCLxx(xB)	基础主梁JL或基础次梁JCL编号，具体包括：代号、序号（跨数及外伸状况）	(xA)：一端外伸；(xB)：两端均有外伸；无外伸则仅注跨数(x)
b×h	截面尺寸，某宽×某高	当加腋时，用b×h Yc₁×c₂表示，其中c₁为腋长、c₂为腋高
xxΦxx@xxx/Φxx@xxx(x)	第一种箍筋道数、强度字级、直径、间距/第二种箍筋（肢数）	Φ——一级HPB300，Φ——二级HRB335，Φ——三级HRB400，下同
BxΦxx；TxΦxx	底部(B)贯通纵筋根数、强度字级、直径、顶部(T)贯通纵筋根数、强度字级、直径	底部纵筋根数不应少于1/3通全部底部贯通纵筋
Gx Φxx	梁两侧构造纵筋或抗扭纵筋根数、强度字级、直径	梁侧构造纵筋总数，根据梁宽、根据加一号、无箍处不注
(x,xxx)		
其他原位标注	某些与集中标注不同的内容	

原位标注（含贯通筋）的说明：

注写形式	表达与内容	附加说明
xΦxx x/x	基础主梁与基础次梁支座区域上部纵向钢筋，为该区域包含贯通筋在内的纵向钢筋	
xΦxx x/x	竖向加腋处上部斜纵筋（另注）或基础梁支座区域	
xΦxx(x)	附加箍筋或吊筋，直接画在平面图中的主梁上，当多数相同时，可在说明中统一注明，少数与统一值不同时，在原位引注	
其他原位标注	某些与集中标注不同的内容	

注：1.平面注写时，若同跨基础主梁或基础次梁只标注，其集中注写一致，其他仅注注跨号。有关标注的构造处理及加腋方式详见相应图集规定。2.当梁顶、梁底标高与基础底板底面标高不同时，设计应注明具体梁顶或梁底标高。

集中标注（在基础次梁的第一跨引出）

JCLxx(3) b×h
xxxΦxx@xxx/Φxx@xxx(x)
BxΦxx；TxΦxx
Gxx Φxx
(x,xxx)

附加反扣吊筋（基础主梁上）

xΦxx x/x
底部纵筋
（含贯通筋）
原位标注

附加箍筋（基础主梁上）

原位标注（外伸部位）
顶部贯通纵筋修正值 — 底部贯通纵筋修正值

JLxx(4B) b×h
xxxΦxx@xxx/Φxx@xxx(x)
BxΦxx；TxΦxx
Gxx Φxx
(x,xxx)

集中标注（在基础主梁的第一跨引出）

1-1

基础主梁JL与基础次梁JCL标注图示

审核 都镇焰	校对 刘刘	设计 高志国

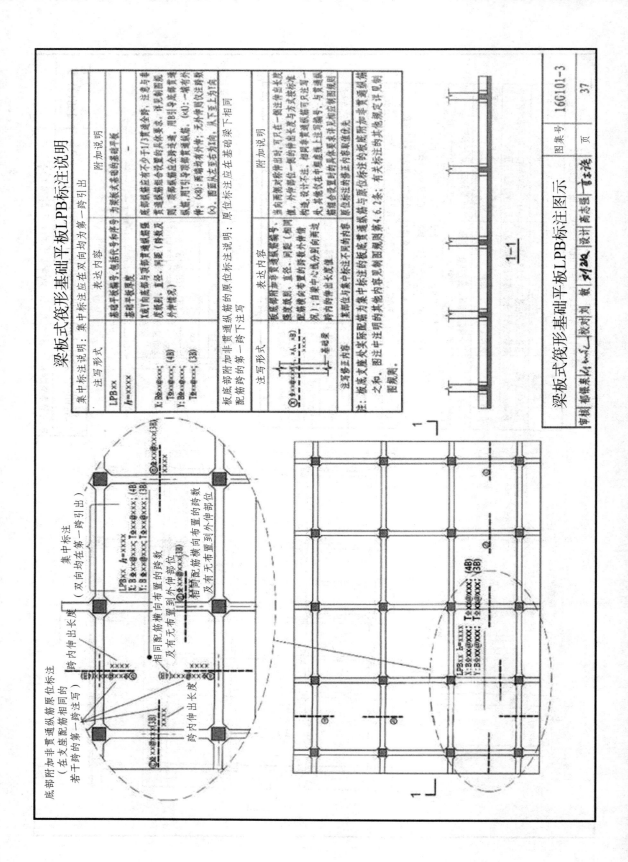

梁板式筏形基础平板LPB标注说明

集中标注说明：集中标注应在双向均为第一跨引出

注写形式	表达内容	附加说明
LPBxx	基础平板编号，其My号和序号	为梁板式基础的基础平板
h=xxxx	基础平板厚度	—
X:Bφxx@xxx;(xB);	X(Y)向底部贯通纵筋	底部贯通纵筋配置不少于1/3跨度全部。注意与非贯
Y:Bφxx@xxx;(4B);	规格及；直径；间距（跨数及	通纵筋拼接的具体要求。详见国家标准图集。
	外伸情况）	黄注底配筋全部连通。连底筋应在支座处贯通
X:Tφxx@xxx;(xB);		贯，用引号省略或表注明通。配底筋省略连通
Y:Tφxx@xxx;(3B)		母，用引号省略通连。（xB）一跨在外
		母；（xB）两端有外伸；无外伸设注跨数
		（xB）里至右为右端，从至上为左
		（x）里左至右省略，从至基础应注连母相同

板底部附加非贯通纵筋的原位标注：原位标注应在基础平板非贯通
配筋所在跨的第一跨注写

注写形式	表达内容	附加说明
	基础部附加非贯通纵筋编号，	当向板混凝土伸出时，可只在一跨注伸出长
	规格及；直径、间距（轴向）	值，外伸部一侧伸伸出长度与支座方义连标准
	配筋向布置的跨外伸情	构造。设计不注。若同非连贯纵筋只延写一
↓⑤xxx@xxx(x)	况）；自集中心线分别向两向	次，其他仅在中座处注写出。与贯通编
xxxxx	跨内伸出长度值	母，其他伸至贯标准座未注跨跨度再注标图则
↓基础梁		
	某部位集中标注不同的内容	根合注连写对对座位未注连填贯连母则
注写内容		原位注注连写某母原容
↓⑤xxx@xxx(xA, xB)	板底支座处实配配筋向板中标注的板底贯通纵筋与原位连筋配筋向加非贯纵端
xxxx	之和。图注中注明的某跨配连内容见附图则4.6.2条；有关标注的内容定详见见图
↓基础梁	图则。

注：板底支座处实配配筋向板中标注的板底贯通纵筋与原位连筋配筋向加非贯纵端
之和。图注中注明的某跨配连内容见附图则4.6.2条；有关标注的内容定详见见图
图则。

1—1

梁板式筏形基础平板LPB标注图示

				图集号	16G101-3
审核	刘钢	刘钢	设计	高志强	高志强	页	37

6.3　梁板式筏形基础钢筋算量

6.3.1　基础主梁钢筋算量

基础主梁内钢筋骨架见表6-2。基础梁JL纵向钢筋与箍筋构造见图6-7。

表6-2　基础主梁钢筋骨架

纵筋	顶部钢筋（T）	贯通筋
	侧部钢筋	构造筋（G）
		抗扭筋（N）
		拉筋
	底部钢筋（B）	贯通纵筋
		架立筋
		非贯通纵筋
箍筋	箍筋	
附加钢筋	吊筋	
	附加箍筋	

顶部贯通纵筋在连接区内采用搭接、机械连接或焊接，同一连接区段内接头面积百分比率不宜大于50%。当钢筋长度可穿过一连接区到下一连接区并满足要求时，宜穿越设置

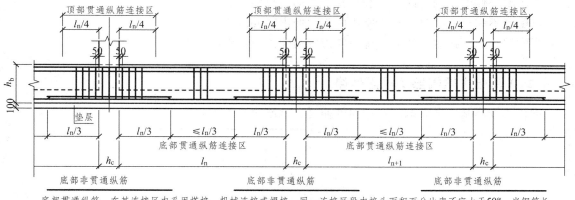

图6-7　基础梁JL纵向钢筋与箍筋构造

底部贯通纵筋，在其连接区内采用搭接、机械连接或焊接，同一连接区段内接头面积百分比率不宜大于50%。当钢筋长度可穿过一连接区到下一连接区并满足要求时，宜穿越设置

（一）基础主梁端部等截面外伸

梁板式筏形基础主梁端部等截面外伸时，钢筋构造见图6-8。

从图6-8中可以看出，当基础主梁端部为等截面外伸时，梁内纵筋构造为：

（1）顶部贯通筋。

第一排纵筋应伸至端部并向下弯折12d，d为纵筋直径；

第二排纵筋伸至边柱（或角柱）内直锚长度≥l_a。

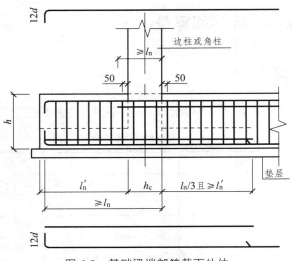

图 6-8　基础梁端部等截面外伸

（2）底部贯通筋。

第一排纵筋伸出至梁端头后，全部上弯 $12d$；

其他排伸至梁端头后截断。

注意：当从柱内边算起的梁端部外伸长度<l_a 时，基础主梁下部钢筋应伸至端部后向上弯折 $15d$。

（3）底部非贯通筋。

在主梁外伸部位构造同贯通筋，在跨内伸出长度：

当配置不多于两排时，自支座边向跨内伸出至 $\max$（$l_n/3$，l_n'）；

当配置多于两排时，从第三排起向跨内的伸出长度由设计者注明。

（二）基础主梁端部变截面外伸

梁板式筏形基础主梁端部变截面外伸时，钢筋构造见图 6-9。

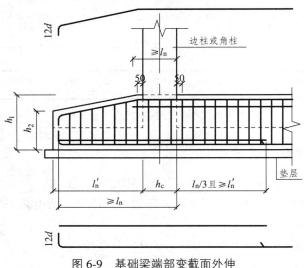

图 6-9　基础梁端部变截面外伸

从图 6-9 中可以看出，当基础主梁端部为变截面外伸时，梁内纵筋构造为：

（1）顶部贯通筋。

第一排纵筋沿外伸部位梁顶面伸至梁端部并向下弯折 $12d$，d 为纵筋直径；

第二排纵筋伸至边柱（或角柱）内直锚长度 $\geq l_a$。

（2）底部贯通筋。

第一排纵筋伸出至梁端头后，全部上弯 $12d$；

其他排伸至梁端头后截断。

注意：当从柱内边算起的梁端部外伸长度 $<l_a$ 时，基础主梁下部钢筋应伸至端部后向上弯折 $15d$。

（3）底部非贯通筋。

在主梁外伸部位构造同贯通筋，在跨内伸出长度：

当配置不多于两排时，自支座边向跨内伸出至 $\max(l_n/3, l_n')$；

当配置多于两排时，从第三排起向跨内的伸出长度由设计者注明。

（三）基础梁端部无外伸

梁板式筏形基础主梁端部无外伸时，钢筋构造见图 6-10。

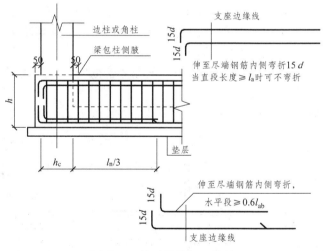

图 6-10　基础梁端部无外伸

从图 6-10 中可以看出，当基础主梁端部无外伸时，梁内纵筋构造为：

（1）顶部贯通筋。

所有顶部贯通筋均伸至梁尽端钢筋内侧并向下弯折 $15d$；

当直段长度 $\geq l_a$ 时可不弯折，直锚至梁尽端。

（2）底部贯通筋。

所有底部贯通筋均伸至梁尽端钢筋内侧并向上弯折 $15d$。

（3）底部非贯通筋。

在边柱（或角柱）节点构造同贯通筋，在跨内伸出长度：

当配置不多于两排时，自支座边向跨内伸出 $l_n/3$；

当配置多于两排时，从第三排起向跨内的伸出长度由设计者注明。

（四）侧面钢筋

梁板式筏形基础主梁侧面钢筋构造见图6-11。

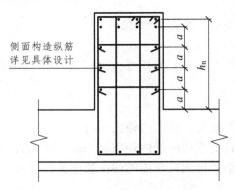

图6-11　基础梁侧面构造纵筋和拉筋

在16G101—3图集中，对基础梁侧面构造纵筋和拉筋的规定如下：

（1）基础梁侧面纵向构造钢筋搭接长度为15d。十字相交的基础梁，当相交位置有柱时，侧面构造纵筋锚入梁包柱侧腋内15d[图6-12-（a）]；当无柱时，侧面构造纵筋锚入交叉梁内15d[图6-12-（b）]。丁字相交的基础梁，当相交位置无柱时，横梁外侧的构造纵筋应贯通，横梁内侧的构造纵筋锚入交叉梁内15d[图6-12-（c）]。

（2）梁侧钢筋的拉筋直径除注明外均为8，间距为箍筋间距的2倍。当设有多排拉筋时，上下两排拉筋竖向错开设置。

（3）基础梁侧面受扭纵筋的搭接长度为l_1，其锚固长度为l_a，锚固方式同梁上部纵筋。

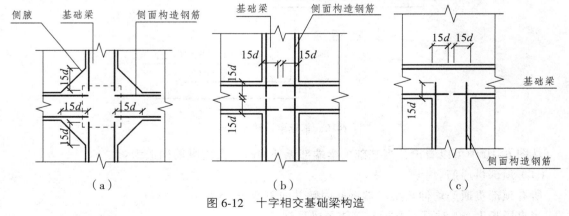

（a）　　　　　　　　　　　（b）　　　　　　　　　　　（c）

图6-12　十字相交基础梁构造

（五）箍　筋

节点区内箍筋按梁端箍筋设置。梁相互交叉宽度内的箍筋按截面高度较大的基础梁设置。同跨箍筋有两种时，各自设置范围按具体设计注写。当具体设计未注明时，基础梁的外伸部位以及基础梁端部节点内按第一种箍筋设置。节点区箍筋不计入总道数（图6-13），每跨箍筋布置的起步距离均为50。

箍筋长度计算方法同框架梁。

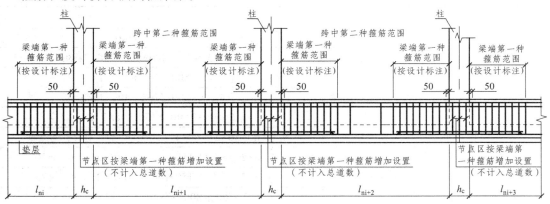

图 6-13　基础梁箍筋布置

（六）吊　筋

基础梁吊筋构造见图 6-14。

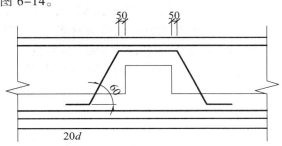

图 6-14　基础梁吊筋构造

　　基础梁的吊筋高度应根据基础梁高度推算，吊筋顶部平直段与基础梁顶部纵筋净距应满足规范要求，当净距不足时应置于下一排。

　　吊筋长度计算方法同框架梁吊筋。

【例 6-15】计算本章案例背景中 JL1 的钢筋工程量（钢筋接头采用焊接，定尺长度 9 m）。

【分析】JL1 为基础主梁，两跨，两端无外伸。需要计算的钢筋类型有：箍筋、顶部贯通筋、底部贯通筋、底部非贯通筋、侧面构造钢筋以及拉筋。计算过程见表 6-3。

表 6-3　JL1 钢筋工程量计算过程

钢筋类型	根数	计算步骤	计算过程
顶部贯通筋	6	计算 l_a	$l_a=39d=39\times28=1\,092>$柱宽$=600$，弯锚
		计算锚固长度	柱宽$-$保护层$+15d=600-40+15\times28=980$
		计算顶部贯通筋长度	$L=980+3\,600+4\,200-600+980=9\,160$，有一个钢筋接头
底部贯通筋	4	计算锚固长度	柱宽$-$保护层$+15d=600-40+15\times28=980$
		计算底部贯通筋长度	$L=980+3\,600+4\,200-600+980=9\,160$，有一个钢筋接头
底部非贯通筋	3	支座①	$L=980+(3\,600-600)/3=1\,980$
	3	支座②	$Max(3\,000,\ 3\,600)/3+600+Max(3\,000,\ 3\,600)/3=3\,000$
	3	支座③	$L=(3\,600-600)/3+980=1\,980$

钢筋类型	根数	计算步骤	计算过程
侧面构造钢筋	6	计算锚固长度	$15d=15\times16=240$
		计算构造筋长度	$L=240+3\,600+4\,200-600+240=7\,680$
拉筋	57	计算第一跨拉筋根数	$N_1=[(3\,600-600-50\times2)/400+1]\times3=27$
		计算第二跨拉筋根数	$N_2=[(4\,200-600-50\times2)/400+1]\times3=30$
		计算拉筋长度	$L=600-2\times40+8+23.8\times8=718.4$
箍筋	61	节点区箍筋根数	$N_0=(600-50\times2)/100+1=6$，3 个节点共计 18 道箍筋
		第一跨箍筋根数	$N_1=6\times2+\{3\,000-[50+(6-1)\times100]\times2\}/200-1=20$
		第二跨箍筋根数	$N_2=6\times2+\{3\,600-[50+(6-1)\times100]\times2\}/200-1=23$
		外围大矩形箍长度	$L=2\times(600+800)-8\times40+19.8\times16=2\,796.8$
		竖向小矩形箍长度	$L=[(600-2\times40-2\times16-28)/(6-1)+28+16]\times2$ $+(800-2\times40-16)\times2+23.8\times16=2\,060.8$
		四肢箍单根长度	$L=2\,796.8+2\,060.8=4\,857.6$

【计算结果】该 JL1（2）在两端无外伸，顶部贯通筋和底部贯通筋在两端处均弯折 $15d$ 进行锚固；底部非贯通筋在两端支座处锚固方式同底部贯通筋，在中间支座处贯通并向两侧跨内伸出 max（$l_{n左}$，$l_{n右}$）/3；侧面构造筋锚固长度为 $15d$；拉筋直径为 8，间距为 400，布置 3 排；箍筋在每跨两端各布置 6 根，间距为 100，在跨中位置间距为 200，节点区按跨端布置。

6.3.2 基础次梁钢筋算量

基础次梁 JCL 纵向钢筋与箍筋构造见图 6-15。

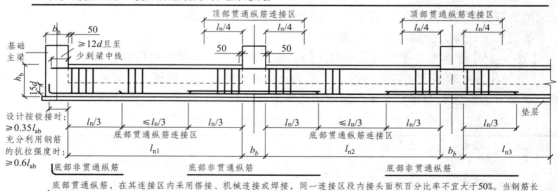

顶部贯通纵筋在连接区内采用搭接、机械连接或焊接，同一连接区段内接头面积百分比率不宜大于50%。当钢筋长度可穿过一连接区到下一连接区并满足要求时，宜越焊接

底部贯通纵筋，在其连接区内采用搭接、机械连接或焊接，同一连接区段内接头面积百分比率不宜大于50%。当钢筋长度可穿过一连接区到下一连接区并满足要求时，宜越设置

图 6-15　基础次梁 JCL 纵向钢筋与箍筋构造

（一）基础次梁端部等截面外伸

梁板式筏形基础次梁端部等截面外伸时，钢筋构造见图 6-16。

从图 6-16 中可以看出，当基础次梁端部为等截面外伸时，梁内纵筋构造为：

（1）顶部贯通纵筋应伸至端部并向下弯折 12d，d 为纵筋直径。

（2）底部贯通筋。

第一排纵筋伸出至梁端头后，全部上弯 12d；

其他排伸至梁端头后截断。

注意：当从基础主梁内边算起的外伸长度<l_a 时，基础次梁下部钢筋应伸至端部后向上弯折 15d。

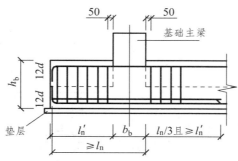

图 6-16　基础次梁端部等截面外伸

（3）底部非贯通筋。

在次梁外伸部位构造同贯通筋，在跨内伸出长度：

当配置不多于两排时，自支座边向跨内伸出至 max($l_n/3$, l_n')；

当配置多于两排时，从第三排起向跨内的伸出长度由设计者注明。

（二）基础次梁端部变截面外伸

梁板式筏形基础次梁端部变截面外伸时，钢筋构造见图 6-17。

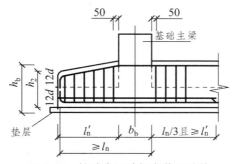

图 6-17　基础次梁端部变截面外伸

从图 6-17 中可以看出，当基础次梁端部为变截面外伸时，梁内纵筋构造为：

（1）顶部贯通纵筋沿次梁顶面伸至端部并向下弯折 12d，d 为纵筋直径。

（2）底部贯通筋。

第一排纵筋伸出至梁端头后，全部上弯 12d；

其他排伸至梁端头后截断。

注意：当从基础主梁内边算起的外伸长度<l_a 时，基础次梁下部钢筋应伸至端部后向上弯折 15d。

（3）底部非贯通筋。

在次梁外伸部位构造同贯通筋，在跨内伸出长度：

当配置不多于两排时，自支座边向跨内伸出至 $\max(l_n/3, l_n')$；

当配置多于两排时，从第三排起向跨内的伸出长度由设计者注明。

（三）箍 筋

基础次梁箍筋构造见图 6-18。

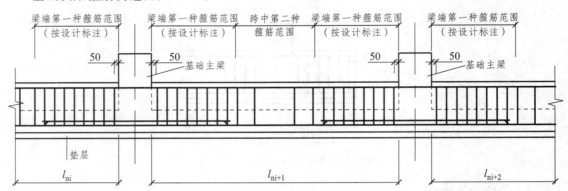

图 6-18 基础次梁箍筋布置

当具体设计未注写时，基础次梁的外伸部位，按第一种箍筋设置。基础主梁与基础次梁节点位置，基础主梁箍筋贯通，基础次梁不设置箍筋。

6.3.3 基础底板钢筋算量

梁板式筏形基础平板 LPB 钢筋构造分为"柱下区域"和"跨中区域"两种，柱下区域的配筋图见图 6-19。跨中区域的配筋图见图 6-20。

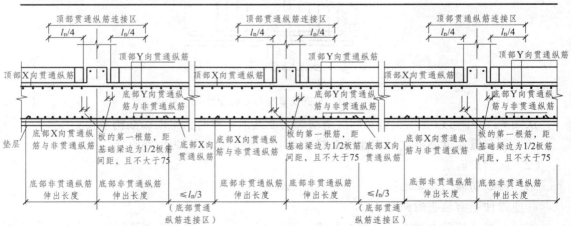

图 6-19 基础平板（柱下区域）钢筋构造

就基础平板 LPB 的钢筋构造来看，这两个区域的顶部贯通纵筋、底部贯通纵筋和非贯通纵筋的构造是一样的，只是跨中区域的底部纵筋较为稀疏。

16G101—1 图集中对于梁板式筏形基础底板底部贯通纵筋和顶部贯通纵筋的布筋，要求板的第一根筋，距基础梁边为 1/2 板筋间距，且不大于 75。

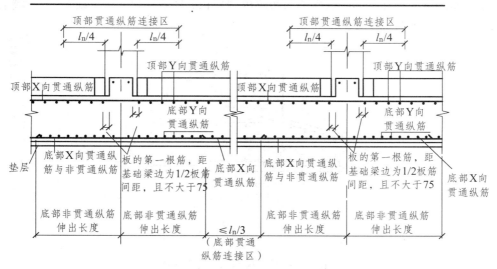

图 6-20　基础平板（跨中区域）钢筋构造

（一）端部等截面外伸构造（图 6-21）

（1）基础底板底部纵筋伸至外端，并向上弯折 12d；当从基础主梁（墙）内边算起的外伸长度 $<l_a$ 时，弯折 15d。

（2）顶部纵筋伸入边梁内"≥12d 且至少到梁中心线"。

（3）外伸部位的顶部钢筋：一端伸入边梁内"≥12d 且至少到梁中心线"，另一端伸至外端，并向下弯折 12d。

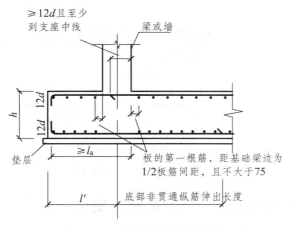

图 6-21　基础平板端部等截面外伸

（二）端部变截面外伸构造（图 6-22）

（1）基础底板底部纵筋伸至外端，并向上弯折 12d；当从基础主梁（墙）内边算起的外伸长度<l_a 时，弯折 15d。

（2）顶部纵筋伸入边梁内"≥12d 且至少到梁中心线"。

（3）外伸部位的顶部钢筋：一端伸入边梁内"≥12d 且至少到梁中心线"，另一端沿板顶面伸至外端，并向下弯折 12d。

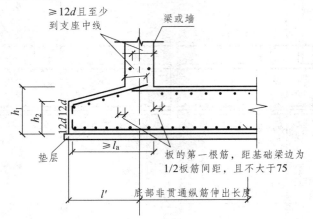

图 6-22　基础平板端部变截面外伸

（三）端部无外伸构造（图 6-23）

（1）基础底板底部纵筋伸至边梁或墙尽端，并向上弯折 15d。

（2）顶部纵筋伸入边梁内"≥12d 且至少到梁中心线"。

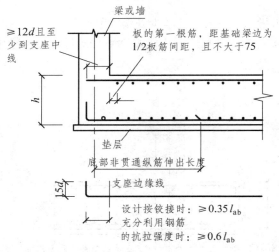

图 6-23　基础平板端部无外伸

（四）变截面位置钢筋构造（板顶有高差）（图 6-24）

（1）板底部钢筋贯通。

（2）板顶部钢筋：低位筋伸入基础梁内直锚 l_a；高位筋伸至尽端钢筋内侧向下弯折 $15d$（当直段长度 $\geq l_a$ 时可不弯折）。

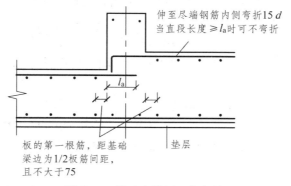

图 6-24　基础底板板顶有高差

（五）变截面位置钢筋构造（板底有高差）（图 6-25）

（1）板顶部钢筋贯通。

（2）板底部钢筋：高位筋在截面变化处直锚 l_a；低位筋沿变截面向上斜弯并伸入对边板内 l_a。（变截面处板底高差坡度 α 可为 45°或 60°）

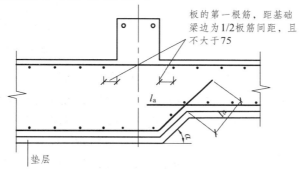

图 6-25　基础底板板底有高差

（六）变截面位置钢筋构造（板顶、板底均有高差）

变截面位置钢筋构造见图 6-26。构造说明详见（四）（五）条。

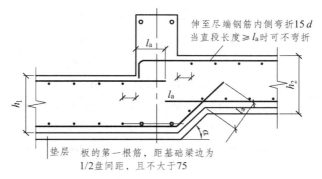

图 6-26　基础底板板顶、板底均有高差

（七）板边缘侧面封边构造

16G101—3 图集给出了基础平板的板边缘侧面封边构造。其中包括两种封边构造。

（1）U 形筋封边方式[图 6-27-（a）]。

基础底板底部纵筋和顶部纵筋均伸至端部并直弯 12d；外侧立面再增加"U 形构造封边筋"，该 U 形筋直段长度等于板厚减去 2 倍保护层，两端均弯折 12d；另配置侧面构造纵筋，由设计指定。

（2）纵筋弯钩交错封边方式[图 6-27-（b）]。

基础底板底部纵筋和顶部纵筋均伸至端部并弯钩交错 150 mm 形成封边；外侧立面还要配置侧面构造纵筋，而且应有一根侧面构造纵筋与两个交错弯钩绑扎，侧面构造钢筋配置由设计指定。

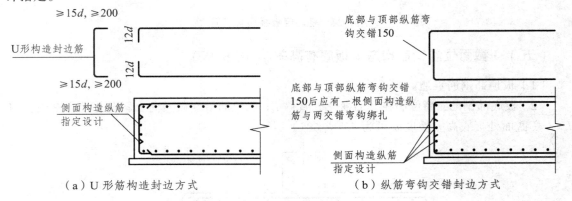

（a）U 形筋构造封边方式　　　　　　　　（b）纵筋弯钩交错封边方式

图 6-27　基础底板板边缘侧面封边构造

【例 6-16】计算本章案例背景中 LPB1 的钢筋工程量（钢筋接头采用焊接，定尺长度 9 m）。

【分析】LPB1 为梁板式基础平板，两端钢筋有外伸。需要计算的钢筋类型有：底部贯通筋（X 向和 Y 向）、顶部贯通筋（X 向和 Y 向）、U 形封边钢筋。计算过程见表 6-4。

【计算结果】LPB 的 X 向底部贯通筋单根长度为 10 120 mm，共 35 根，同向外伸部位短筋[图 6-28-（a）]单根长度为 1 160 mm，3 根；Y 向底部贯通筋单根长度为 8 620 mm，共 43 根，同向外伸部位短筋[图 6-28-（b）]单根长度为 1 160 mm，3 根；X 向顶部贯通筋单根长度为 10 048 mm，共 35 根，同向外伸部位短筋[图 6-28-（c）]单根长度为 1 124 mm，3 根；Y 向顶部贯通筋单根长度为 8 548 mm，共 43 根，同向外伸部位短筋[图 6-28-（d）]单根长度为 1 124 mm，3 根；U 形封边钢筋单根长度为 1 080 mm，四个板边共计 192 根。

表 6-4　JL1 钢筋工程量计算过程

钢筋类型	计算步骤	计算过程
底部贯通筋	计算 l_a	l_a =35d=35×25=875<900+300-40=1 160，底筋在端部向上弯折 12d
	X 向长度	L=900+3 600+4 200+900-40×2+12×25×2=10 120，有一个钢筋接头 外伸部位短筋 l=900-300-40+12×25+max(12×25,300)=1 160
	X 向根数	N=[(3 000-75×2)/200+1]+[(2 100-75×2)/200+1]+[(900-300-2×75)/200+1]×2 =16+11+8=35 外伸部位短筋根数=(600-2×75)/200+1=3 根

钢筋类型	计算步骤	计算过程
底部贯通筋	Y 向长度	$L=900+3\,600+2\,700+900-40\times2+12\times25\times2=8\,620$ 外伸部位短筋 $l=900-300-40+12\times25+\max(12\times25,300)=1\,160$
	Y 向根数	$N=[(3\,000-75\times2)/200+1]+[(3\,600-75\times2)/200+1]+[(900-300-2\times75)/200+1]\times2$ $=16+19+8=43$ 外伸部位短筋根数$=(600-2\times75)/200+1=3$ 根
顶部贯通筋	X 向长度	$L=900+3\,600+4\,200+900-40\times2+12\times22\times2=10\,048$，有一个钢筋接头 外伸部位短筋 $l=900-300-40+12\times22+\max(12\times22,300)=1\,124$
	X 向根数	$N=[(3\,000-75\times2)/200+1]+$ $[(2\,100-75\times2)/200+1]+[(900-300-2\times75)/200+1]\times2=16+11+8=35$ 外伸部位短筋根数$=(600-2\times75)/200+1=3$ 根
	Y 向长度	$L=900+3\,600+2\,700+900-40\times2+12\times22\times2=8\,548$ 外伸部位短筋 $l=900-300-40+12\times22+\max(12\times22,300)=1\,124$
	Y 向根数	$N=[(3\,000-75\times2)/200+1]+[(3\,600-75\times2)/200+1]+[(900-300-2\times75)/200+1]\times2$ $=16+19+8=43$ 外伸部位短筋根数$=(600-2\times75)/200+1=3$ 根
U 形封边钢筋	单根长度	$L=500-2\times40+2\times\max(15\times22,200)=1\,080$
	根数	$N=(43+35)\times2+3\times12=192$

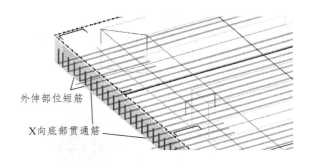

（a）X 向底部贯通筋及同向外伸部位短筋

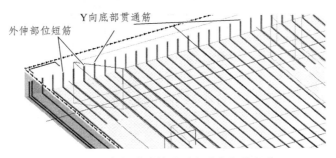

（b）Y 向底部贯通筋及同向外伸部位短筋

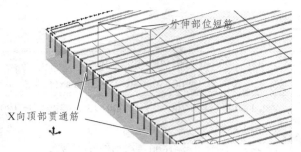

（c）X 向顶部贯通筋及同向外伸部位短筋

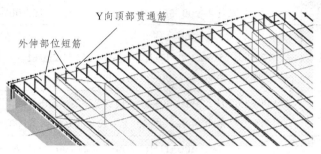

（d）Y 向顶部贯通筋及同向外伸部位短筋

图 6-28　LPB1 钢筋构造

【课堂实训】

某基础梁平法施工标注见图 6-29。未注明混凝土强度等级均为 C30，基础梁保护层厚度 40，柱截面均为 500×500，基础梁不参与抗震计算。求该梁的钢筋工程量。

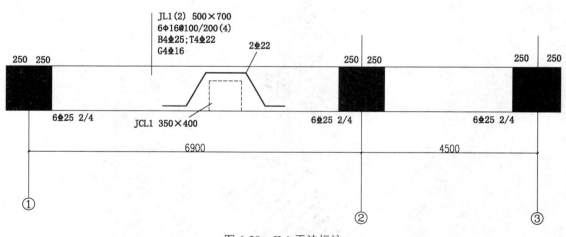

图 6-29　JL1 平法标注

任务七　剪力墙平法识图与钢筋算量

【案例背景】

某住宅楼工程为剪力墙结构，其平法施工图见图 7-1，三维模型见图 7-2，钢筋骨架见图 7-3。未标明的混凝土强度均为 C30，剪力墙保护层 20 mm，基础梁保护层 40 mm，基础底板保护层厚度 40。

思考：剪力墙墙身内的钢筋有哪些？各自工程量怎样计算？

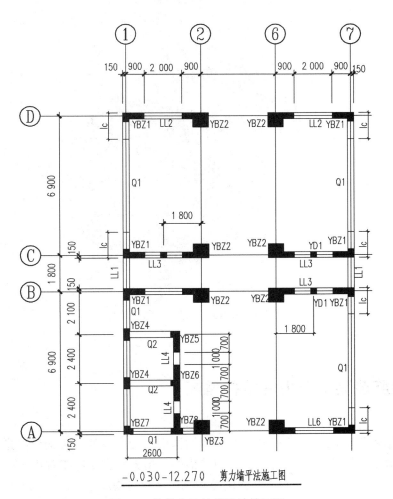

-0.030~12.270　剪力墙平法施工图

图 7-1　某剪力墙结构平法施工图

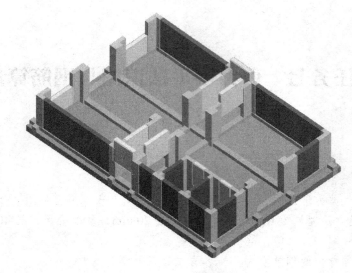

图 7-2　某剪力墙结构三维图

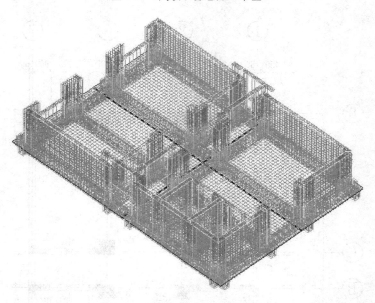

图 7-3　某剪力墙结构钢筋三维图

7.1　钢筋混凝土剪力墙结构概述

剪力墙是指用钢筋混凝土墙板来代替框架结构中的梁、柱的一种构件，这种构件不仅能够承担各类荷载引起的内力，并能有效控制结构的水平力。在实际工程中，钢筋混凝土框架结构一般应用于 10 层以下的住宅、办公楼等建筑。当建筑物层数继续增高时，风荷载对建筑物的水平推力越来越大，结构上常常通过布置剪力墙来抵抗这种水平推力。

常见的剪力墙结构有框架剪力墙结构、剪力墙结构、框支剪力墙结构。

7.1.1　框架剪力墙结构

框架剪力墙结构，又称框剪结构，是在建筑承重结构中设置部分钢筋混凝土墙体，从而起到增加建筑上部结构与基础的接触面积，使其稳定性、抗震能力和侧向刚度得到很大的提高。框剪结构是在框架结构中设置适当的剪力墙的结构。它具有框架结构平面的布置灵活，有较大空间的优点，又具有侧向刚度较大的优点。框架-剪力墙结构中，剪力墙主要承受水平荷载，竖向荷载由框架承担。框架剪力墙结构形式是高层住宅采用最为广泛的一种结构形式。

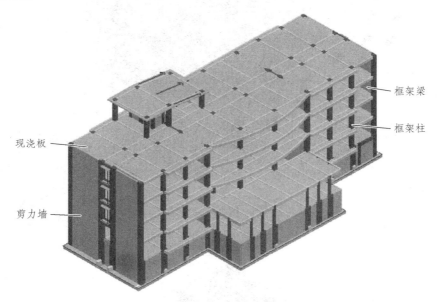

图 7-4　框架剪力墙结构建筑

7.1.2　剪力墙结构

剪力墙结构是指框架结构中的梁、柱全部用钢筋混凝土墙板来代替的一种结构形式。剪力墙结构整体性能好，侧向刚度大，由于没有梁、柱等外露与凸出，便于房间内部空间布置。但是剪力墙结构不能提供较大的空间，结构的延性较差。由于剪力墙自重大，对基础的要求高，全剪力墙结构很少使用，所以现在高层、小高层建筑绝大多数采用框架剪力墙结构，即设置部分钢筋混凝土墙体。

7.1.3　框支剪力墙结构

框支剪力墙结构是指结构中的局部，部分剪力墙因建筑设计要求不能落地，直接落在下层梁上，再由梁将荷载传至柱上，这样的梁叫做框支梁，柱叫框支柱，上面的钢筋混凝土墙就叫做框支剪力墙。这是一个局部的概念，因为结构中一般只有部分剪力墙是框支剪力墙，而大部分剪力墙还是与地基连接。例如，在一些地下停车场，剪力墙结构无法满足空间使用要求时，就可以采用框支剪力墙结构。但是在地震区，不允许采用纯粹的框支剪力墙结构。

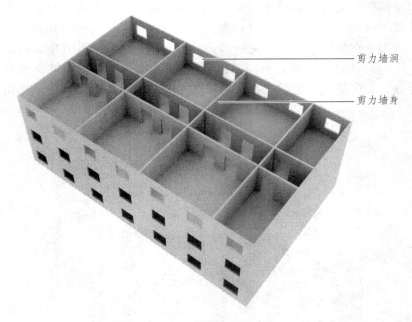

剪力墙洞

剪力墙身

图 7-5 剪力墙结构建筑

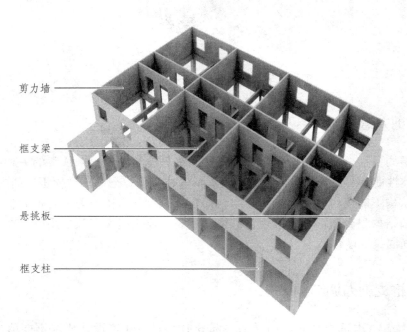

剪力墙

框支梁

悬挑板

框支柱

图 7-6 框支剪力墙结构建筑

7.2 剪力墙结构钢筋组成

剪力墙主要由墙身、墙柱、墙梁三类构件组成，其中墙身钢筋包括水平筋、垂直筋、拉筋；墙柱包括暗柱和端柱两种类型，其钢筋只要有纵筋和箍筋；墙梁包括暗梁、连梁、边框梁三种类型，其钢筋主要有纵筋和箍筋。如表 7-1 所示。

表 7-1　剪力墙内钢筋骨架

剪力墙	墙　身	水 平 筋
		垂 直 筋
		拉　筋
	墙　柱	纵　筋
		箍　筋
	墙　梁	纵　筋
		箍　筋

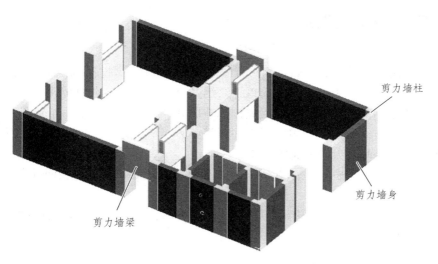

图 7-7　剪力墙构造

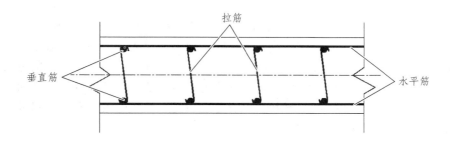

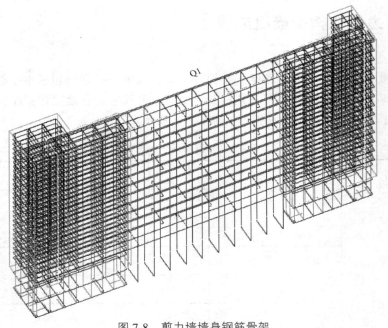

图 7-8　剪力墙墙身钢筋骨架

7.3　剪力墙平法识图

剪力墙平法施工图系在剪力墙平面布置图上采用列表注写方式或截面注写方式表达。

剪力墙平面布置图可采用适当比例单独绘制，也可与柱或梁平面布置图合并绘制。当剪力墙比较复杂或采用截面注写方式时，应按标准层分别绘制剪力墙平面布置图。在实际工程中常采用列表注写方式，因为列表注写方式所需剪力墙平面布置图数量较少，而截面注写方式每个标准层都要绘制剪力墙平面布置图。

在剪力墙平法施工图中，应按按 16G101 图集规定注明各结构层的楼面标高、结构标高及相应的结构层号，尚应注明上部结构嵌固部位位置。

对于轴线未居中的剪力墙（包括端柱），应标注其偏心定位尺寸。若未标准偏心定位尺寸，则默认为轴线居中。

7.3.1　列表注写方式

如前所述，剪力墙可视为由剪力墙柱、剪力墙身和剪力墙梁三类构件构成。

剪力墙列表注写方式，系分别在剪力墙柱表、剪力墙身表和剪力墙梁表中，对应于剪力墙平面布置图上的编号，用绘制截面配筋图并注写几何尺寸与配筋具体数值的方式，来表达剪力墙平法施工图。即采用列表注写方式绘制的剪力墙图纸包含四大部分：平面布置图、墙身表、墙梁表、墙柱表。平面布置图上表示墙柱、墙身、墙梁的编号及定位尺寸，表格中表示墙柱、墙身、墙梁的具体尺寸及配筋信息。如图 7-9 所示。

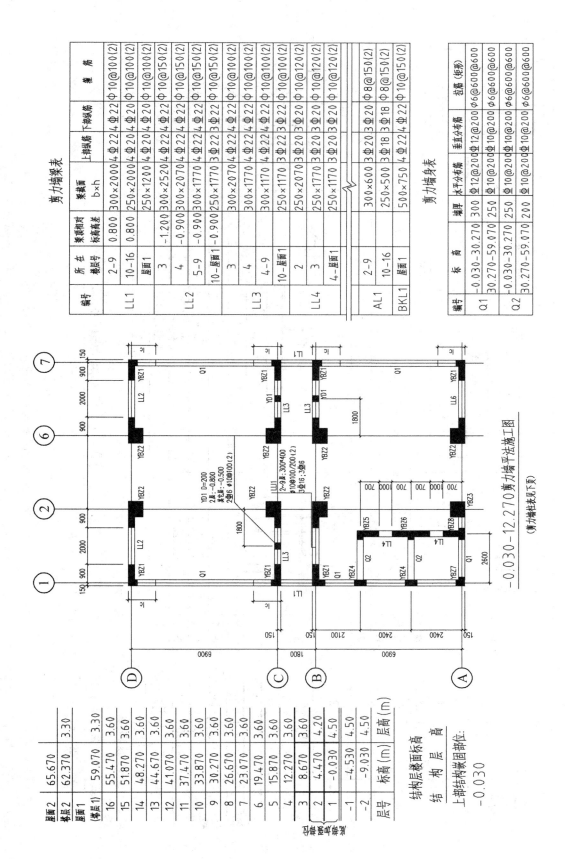

剪力墙梁表

编号	所在楼层号	梁顶相对标高高差	梁截面 b×h	上部纵筋	下部纵筋	箍筋
LL1	2-9	0.800	300×2000	4Φ22	4Φ22	Φ10@100(2)
	10-16	0.800	250×2000	4Φ20	4Φ20	Φ10@100(2)
	屋面1		250×1200	4Φ20	4Φ20	Φ10@100(2)
LL2	3	-1.200	300×2520	4Φ22	4Φ22	Φ10@150(2)
	4		300×2070	4Φ22	4Φ22	Φ10@150(2)
	5-9	-0.900	300×1770	4Φ22	4Φ22	Φ10@150(2)
	10-屋面1	-0.900	250×1770	3Φ22	3Φ22	Φ10@100(2)
LL3	3		300×2070	4Φ22	4Φ22	Φ10@100(2)
	4		300×1770	4Φ22	4Φ22	Φ10@100(2)
	4-9		300×1170	4Φ22	4Φ22	Φ10@120(2)
	10-屋面1		250×1170	3Φ22	3Φ22	Φ10@120(2)
LL4	2		250×2070	3Φ20	3Φ20	Φ10@120(2)
	3		250×1770	3Φ20	3Φ20	Φ10@120(2)
	4-屋面1		250×1170	4Φ22	4Φ22	Φ10@150(2)
AL1	2-9		300×600	3Φ20	3Φ20	Φ8@150(2)
	10-16		250×500	3Φ18	3Φ18	Φ8@150(2)
BKL1	屋面1		500×750	4Φ22	4Φ20	Φ10@150(2)

剪力墙身表

编号	标高	墙厚	水平分布筋	垂直分布筋	拉筋(矩形)
Q1	-0.030-30.270	300	Φ12@200	Φ12@200	Φ6@600@600
	30.270-59.070	250	Φ10@200	Φ10@200	Φ6@600@600
Q2	-0.030-30.270	250	Φ10@200	Φ10@200	Φ6@600@600
	30.270-59.070	200	Φ10@200	Φ10@200	Φ6@600@600

-0.030~12.270剪力墙平法施工图

（剪力墙柱表见下页）

结构层楼面标高 结构层高

屋面2	65.670		
塔层2	62.370	3.30	
屋面1 (塔层1)	59.070	3.30	
16	55.470	3.60	
15	51.870	3.60	
14	48.270	3.60	
13	44.670	3.60	
12	41.070	3.60	
11	37.470	3.60	
10	33.870	3.60	
9	30.270	3.60	
8	26.670	3.60	
7	23.070	3.60	
6	19.470	3.60	
5	15.870	3.60	
4	12.270	3.60	
3	8.670	4.20	
2	4.470	4.20	
1	-0.030	4.50	
-1	-4.530	4.50	
-2	-9.030	4.50	
层号	标高(m)	层高(m)	

上部结构嵌固部位：
-0.030

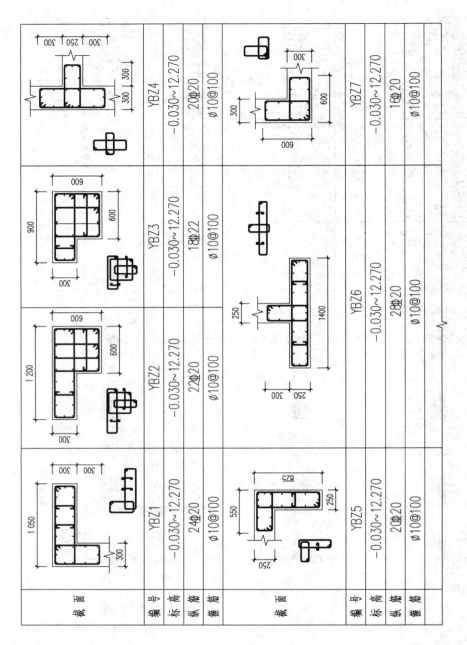

截面							
编号	YBZ1	YBZ2	YBZ3	YBZ4			
标高	-0.030~12.270	-0.030~12.270	-0.030~12.270	-0.030~12.270			
纵筋	24Φ20	22Φ20	18Φ22	20Φ20			
箍筋	Φ10@100	Φ10@100	Φ10@100	Φ10@100			
截面							
编号	YBZ5	YBZ6	YBZ7				
标高	-0.030~12.270	-0.030~12.270	-0.030~12.270				
纵筋	20Φ20	28Φ20	16Φ20				
箍筋	Φ10@100	Φ10@100	Φ10@100				

-0.030~12.270剪力墙平法施工图（部分剪力墙柱表）

图 7-9　剪力墙列表注写方式

层面2	65.670	3.30
塔层2	62.370	3.30
层面1	59.070	3.60
（塔层1） 16	55.470	3.60
15	51.870	3.60
14	48.270	3.60
13	44.670	3.60
12	41.070	3.60
11	37.470	3.60
10	33.870	3.60
9	30.270	3.60
8	26.670	3.60
7	23.070	3.60
6	19.470	3.60
5	15.870	3.60
4	12.270	3.60
3	8.670	3.60
2	4.470	4.20
1	-0.030	4.50
-1	-4.530	4.50
-2	-9.030	4.50
层号	标高 (m)	层高 (m)

结构层楼面标高
结　构　层　高
上部结构嵌固部位：

下面分别介绍剪力墙柱、剪力墙身、剪力墙梁列表注写方式的内容。

（一）编号规定

将剪力墙按剪力墙柱、剪力墙身、剪力墙梁（简称为墙柱、墙身、墙梁）三类构件分别编号。

1. 墙柱编号

由墙柱类型代号和序号组成，表达形式应符合表 7-2 的规定。

表 7-2　墙柱编号

墙柱类型	代　号	序　号	举　例
约束边缘构件	YBZ	XX	如：YBZ1 表示编号为 1 的约束边缘构件
构造边缘构件	GBZ	XX	
非边缘暗柱	AZ	XX	
扶壁柱	FBZ	XX	

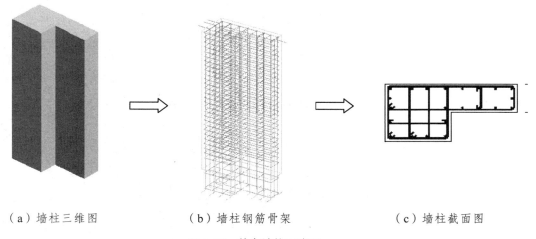

（a）墙柱三维图　　　　　（b）墙柱钢筋骨架　　　　　（c）墙柱截面图

图 7-10　剪力墙柱示意图

（1）约束边缘构件（YBZ）与构造边缘构件（GBZ）

16G 中，将位于墙端头的墙柱叫做边缘构件。对于抗震等级一、二、三级的剪力墙底部加强部位及其上一层的剪力墙肢，应设置约束边缘构件。其他的部位应设置构造边缘构件。约束边缘构件对配箍率等要求更严，用在比较重要的受力较大结构部位；构造边缘构件要求松一些。

图集中将柱宽小于或等于墙厚的墙柱叫做暗柱，用 AZ 表示；将柱宽大于墙厚，柱面凸出墙面的墙柱叫做端柱，用 DZ 表示；将 T 形的墙柱叫做翼墙，用 YZ 表示；将 L 形的墙柱叫做转角柱，用 JZ 表示。这样，约束边缘构件就包含约束边缘暗柱、约束边缘端柱、约束边缘翼墙、约束边缘转角墙四种（见图 7-11）；同理，构造边缘构件包含构造边缘暗柱、构造边缘端柱、构造边缘翼墙、构造边缘转角墙四种（见图 7-12）。

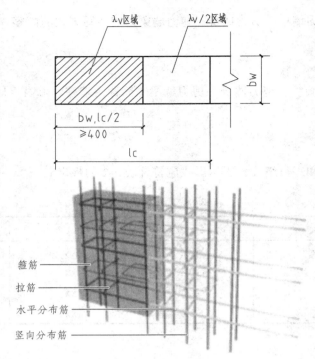

bw

bw，lc/2
≥400

lc

箍筋
拉筋
水平分布筋
竖向分布筋

（a）约束边缘暗柱 YAZ

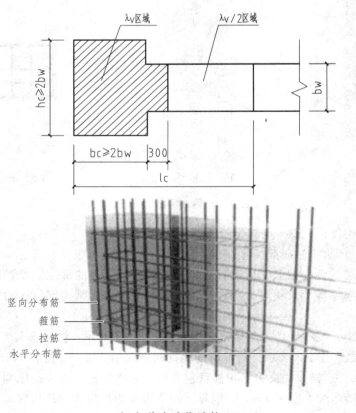

λ_V区域 $\lambda_V/2$区域

hc≥2bw

bw

bc≥2bw 300

lc

竖向分布筋
箍筋
拉筋
水平分布筋

（b）约束边缘端柱 YDZ

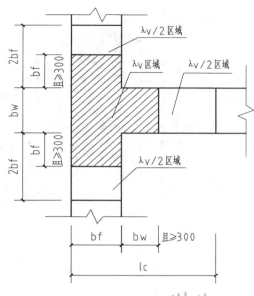

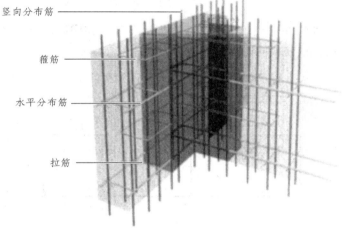

竖向分布筋

箍筋

水平分布筋

拉筋

（c）约束边缘翼墙 YYZ

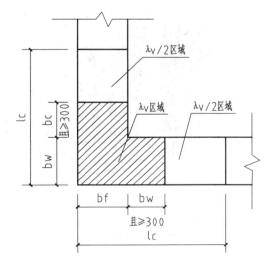

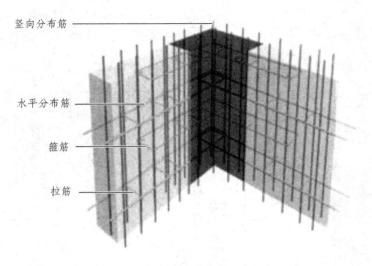

（b）约束边缘转角柱 YJZ

图 7-11　约束边缘构件

注：约束边缘构件除端部或角部有一个阴影部分外，在阴影部分和墙身之间还有一个虚线区域，该区域需加密拉筋或同时加密竖向分布筋。

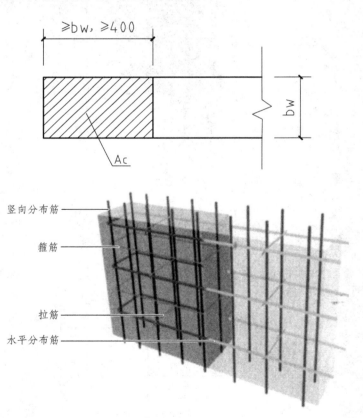

（a）构造边缘暗柱 GAZ

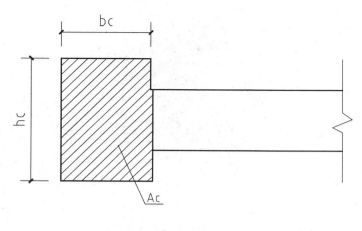

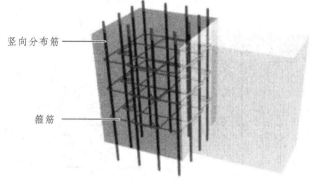

竖向分布筋

箍筋

（b）构造边缘端柱 GDZ

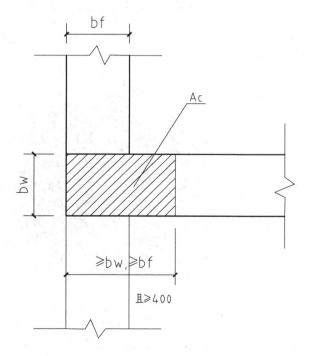

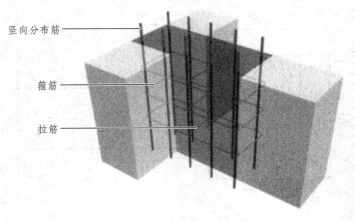

（c）构造边缘翼墙 GYZ

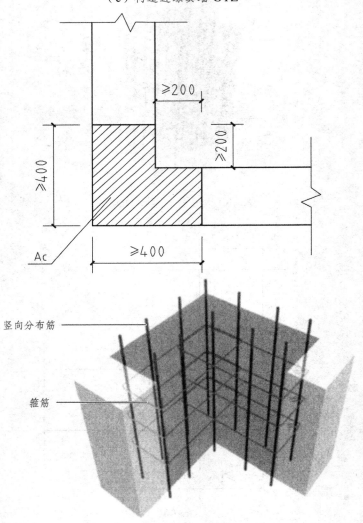

（d）构造边缘转角 GJZ

图 7-12　构造边缘构件

从图 7-9 剪力墙平面布置图中可以看出，YBZ1、YBZ5、YBZ7 为约束边缘转角柱，YBZ2、YBZ3 为约束边缘端柱，YBZ4、YBZ6、YBZ8 为约束边缘翼墙。

（2）非边缘暗柱（AZ）

非边缘暗柱是指在墙中间而不在端头的暗柱。如下图：

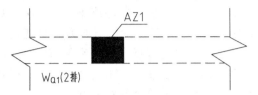

图 7-13　非边缘暗柱

（3）扶壁柱（FBZ）

扶壁柱是指为了增加墙的强度或刚度，紧靠墙体并与墙体同时施工的柱。

扶壁柱一般用于砌体结构，而且在厂房中应用的比较多。

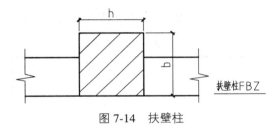

图 7-14　扶壁柱

2. 墙身编号

由墙身代号 Q×× （×× 排）、序号以及墙身所配置的水平与竖直分布钢筋的排数注写在括号内。表达式形式为：

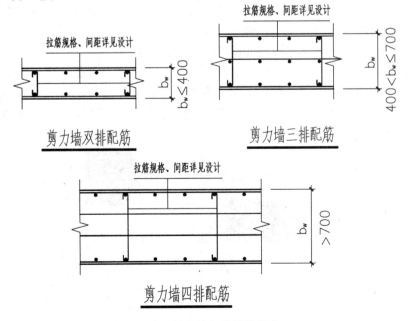

图 7-15　剪力墙钢筋排数规定

注：（1）在编号中：如若干墙柱的截面尺寸与配筋均相同，仅截面与轴线的关系不同时，可将其编为同一墙柱号；又如若干墙身的厚度尺寸和配筋均相同，仅墙身与轴线的关系不同或墙身长度不同时，也可将其编为同一墙身号，但应在图中注明与轴线的几何关系。

（2）当墙身所设置的水平与竖向分布钢筋的排数为 2 时可不标注。

（3）对于分布钢筋网的排数规定：当剪力墙厚度不大于 400 时，应配置双排；当剪力墙厚底不大于 400，但不大于 700 时，宜配置三排；当剪力墙厚度大于 700 时，宜配置四排。

各排水平分布钢筋和竖向分布钢筋的直径与间距宜保持一致。

当剪力墙配置的分布筋多于两排时，剪力墙拉筋两端应同时勾住外排水平纵筋和竖向纵筋，还应与剪力墙内排水平纵筋和竖向纵筋绑扎在一起。

从图 7-9 剪力墙平面布置图中可以看出，图中有两种墙身，Q1 和 Q2，水平与竖直分布钢筋的排数均为 2。

3. 墙梁编号

由墙梁类型代号和序号组成，表达形式应符合表 7-3 的规定。

表 7-3　墙梁编号

墙梁类型	代　号	序　号
连　梁	LL	XX
连梁（对角暗撑配筋）	LL（JC）	XX
连梁（交叉斜筋配筋）	LL（JX）	XX
连梁（集中对角斜筋配筋）	LL（DX）	XX
连梁（跨高比不小于 5）	LLk	XX
暗　梁	AL	XX
边框梁	BKL	XX

注：（1）在具体工程中，当某些墙身需要设置暗梁或边框梁时，宜在剪力墙平法施工图中绘制暗梁或边框梁的平面布置图并编号，以明确其具体位置。

（2）跨高比不小于 5 的梁按框架梁设计时，代号为 LLk。

从墙梁的编号可以看出，剪力墙中，墙梁有三种类型。一种是连梁，一般在门窗洞口上方布置，相当于砌体墙中过梁的作用；第二种是暗梁，其宽度与墙体的厚度一致，一般设置在墙的顶部，相当于砌体中圈梁的作用；第三种是边框梁，其宽度比墙厚度要大，相当于框架结构中框架梁的作用。

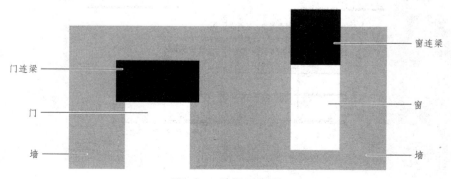

图 7-16　连梁示意图

从图 7-9 剪力墙平面布置图中可以看出，图中的洞口处有连梁 LL1、LL2、LL3、LL4、LL6，连梁（跨高比不小于 5）LLK1。从剪力墙梁表可以看出，还有暗梁 AL1、边框梁 BKL1。

（二）在剪力墙柱表中表达的内容

表 7-4　剪力墙柱表示例

截　面	
编　号	YBZ2
标　高	−0.030~12.270
纵　筋	22φ20
箍　筋	φ10@100

1. 注写墙柱表编号（见表 7-4），绘制该墙柱的截面配筋图，标注墙柱几何尺寸。

墙柱的截面一般为异形，配筋图与框架柱配筋图相似，由纵筋和箍筋构成，纵筋需区分角筋和边筋，箍筋一般为复合箍。

（1）约束边缘构件（见图 7-11）需注明阴影部分尺寸。

注：剪力墙平面布置图中应注明约束边缘构件沿墙肢长度 l_c（约束边缘翼墙中沿墙肢长度尺寸为 $2b_f$ 时可不注）。

（2）构造边缘构件（见图 7-12）需注明阴影部分尺寸。

（3）扶壁柱及非边缘暗柱需标注几何尺寸。

2. 注写各段墙柱的起止标高，自墙柱根部往上以变截面位置或截面未变但配筋改变处为界分段注写

墙柱根部标高一般指基础顶面标高（部分框支剪力墙结构则为框支梁顶面标高）。根据墙柱标高范围及楼层标高对照表，可以判断出墙柱所在的楼层号。

3. 注写各段墙柱的纵向钢筋和箍筋，注写值应与表中绘制的截面配筋图对应一致

纵向钢筋注总配筋值；墙柱箍筋的注写方式与柱箍筋相同。

上表中 YBZ2 表示：2 号约束边缘端柱，底标高为 −0.030，顶标高为 12.270（即布置在 1-3 层），全部纵筋为 22 根直径为 20 的三级钢，箍筋是复合箍，直径为 10 的一级钢，沿柱高每隔 100mm 布置一个。

（三）在剪力墙身表中表达的内容

表7-5　剪力墙身表示例

编号	标高	墙厚	水平分布筋	垂直分布筋	拉筋（矩形）
Q1	−0.030～30.270	300	⊕12@200	⊕12@200	Φ6@600@600
	30.270～59.070	250	⊕10@200	⊕10@200	Φ6@600@600
Q2	−0.030～30.270	250	⊕10@200	⊕10@200	Φ6@600@600
	30.270～59.070	200	⊕10@200	⊕10@200	Φ6@600@600

（1）注写墙身编号（含水平与竖向分布钢筋的排数，未标注排数时，默认为2排）。

（2）注写各段墙身起止标高，自墙身根部往上以变截面位置或截面未变但配筋改变处为界分段注写。墙身根部标高一般指基础顶面标高（部分框支剪力墙结构则为框支梁的顶面标高）。

（3）注写水平分布钢筋、竖向分布钢筋和拉结筋的具体数值。注写数值为一排水平分布钢筋和竖向分布钢筋的规格与间距，具体设置几排已经在墙身编号后面表达。水平钢筋和竖向钢筋的识读方法与板钢筋类似。

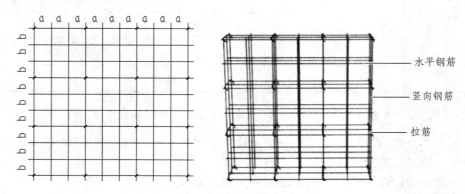

（a）拉筋@3a3b双向（a≤200、b≤200）

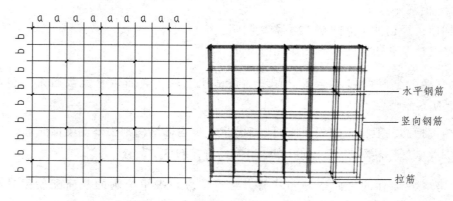

（b）拉筋@4a4b梅花双向（a≤150、b≤150）

图7-17　拉结筋设置示意图

拉结筋应注明布置方式"矩形"或"梅花"布置，用于剪力墙分布钢筋的拉结，见图7-16（图中a为竖向分布钢筋间距，b为水平分布钢筋间距）。

上表中剪力墙 Q1（水平筋与垂直筋排数为 2 排），-0.030 至 30.270 范围内的墙厚为 300，水平筋与垂直分布筋均为直径为 12 的三级钢，每隔 200 布置一根；拉筋布置方式为矩形布置，为直径为 6 的一级钢，水平方向与垂直方向的间距均为 600。30.270 至 59.070 范围内的墙厚为 250，水平筋与垂直分布筋均为直径为 10 的三级钢，每隔 200 布置一根；拉筋布置方式为矩形布置，为直径为 6 的一级钢，水平方向与垂直方向的间距均为 600。

（四）在剪力墙梁表中表达的内容

（1）注写墙梁编号，编号规则见表 7-6。

表 7-6　剪力墙梁表示例

编号	所在楼层号	梁顶相对标高高差	梁截面 $b×h$	上部纵筋	下部纵筋	箍筋
LL1	2-9	0.800	300×2 000	4Φ22	4Φ22	Φ10@100（2）
	10-16	0.800	250×2 000	4Φ20	4Φ20	Φ10@100（2）
	屋面 1		250×1 200	4Φ20	4Φ20	Φ10@100（2）
AL1	2-9		300×600	3Φ20	3Φ20	Φ8@150（2）
	10-16		250×500	3Φ18	3Φ18	Φ8@150（2）
BKL1	屋面 1		500×750	4Φ22	4Φ22	Φ10@150（2）

（2）注写墙梁所在楼层号。

（3）注写墙梁顶面标高高差，系指相对于墙梁所在结构层楼面标高的高差值。高于者为正值，低于者为负值，当无高差时不注。

（4）注写墙梁截面尺寸 $b×h$，上部纵筋、下部纵筋和箍筋的具体数值。钢筋的识读方法与框架梁类似。

（5）当连梁设有对角暗撑时[代号为 LL（JC）xx]，注写暗撑的截面尺寸（箍筋外皮尺寸）；注写暗撑的全部纵筋，并标注 x2 表明有两根暗撑相互交叉；注写暗撑箍筋的具体数值。

（6）当连梁设有交叉斜筋时[代号为 LL（JX）xx]，注写连梁一侧对角斜筋的配筋值，并标注 x2 表明对称设置；注写对角斜筋在连梁端部设置的拉筋根数、强度级别及直径，并标注 x4 表示四个角都设置；注写连梁一侧折线筋配筋值，并标注 x2 表明对称设置。

（7）当连梁设有集中对角斜筋时[代号为 LL（DX）xx]，注写一条对角线上的对角斜筋，并标注 x2 表明对称设置。

（8）跨高比不小于 5 的连梁，按框架梁设计时（代号为 LLkxx），采用平面注写方式，注写规则同框架梁，可采用适当比例单独绘制，也可与剪力墙平法施工图合并绘制。

墙梁侧面纵筋的配置，当墙身水平分布钢筋满足连梁、暗梁及边框梁的梁侧面纵向构造钢筋的要求时，该筋配置同墙身水平分布钢筋，表中不注，施工按标准构造详图的要求即可。当墙身水平分布钢筋不满足连梁、暗梁及边框梁的梁侧面纵向构造钢筋的要求时，应在表中补充注明梁侧面纵筋的具体数值；当为 LLk 时，平面注写方式以大写字母"N"打头。梁侧面纵向钢筋在支座内锚固要求同梁中受力钢筋。

上表中 LL1 表示 1 号连梁，布置范围为 2-9 层时，梁顶比相应楼层的楼面标高高出 0.8m，梁宽 300，梁高 2000，上部纵筋和下部纵筋都为 4 根直径为 25 的三级钢，箍筋为直径为 10 的一级钢，间距为 100，肢数为 2。布置范围为 10-16 层时，梁顶比相应楼层的楼面标高高出 0.8m，梁宽 250，梁高 2000，上部纵筋和下部纵筋都为 4 根直径为 22 的三级钢，箍筋为直径为 10 的一级钢，间距为 100，肢数为 2。布置范围为屋面层时，梁顶比楼层的楼面标高平齐，梁宽 250，梁高 1200，上部纵筋和下部纵筋都为 4 根直径为 20 的三级钢，箍筋为直径为 10 的一级钢，间距为 100，肢数为 2。

（五）采用列表注写方式

分别表达剪力墙墙梁、墙身和墙柱的平法施工图示例见图 7-9，其三维图形如图 7-18。

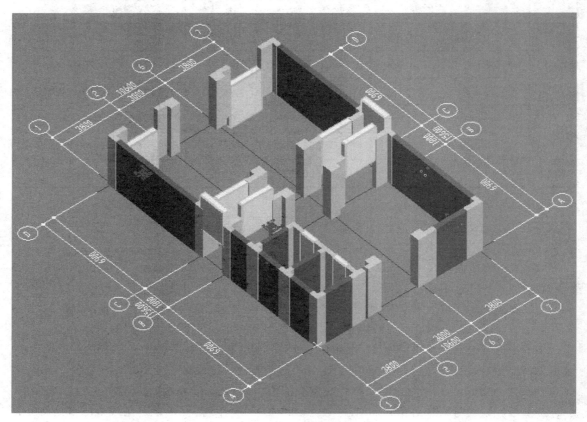

图 7-18　剪力墙结构三维图

7.3.2　截面注写方式

（一）截面注写方式

系在分标准层绘制的剪力墙平面布置图上，以直接在墙上、墙身、墙梁上注写截面尺寸和配筋具体数值的方式来表达剪力墙平法施工图（见图 7-19）。

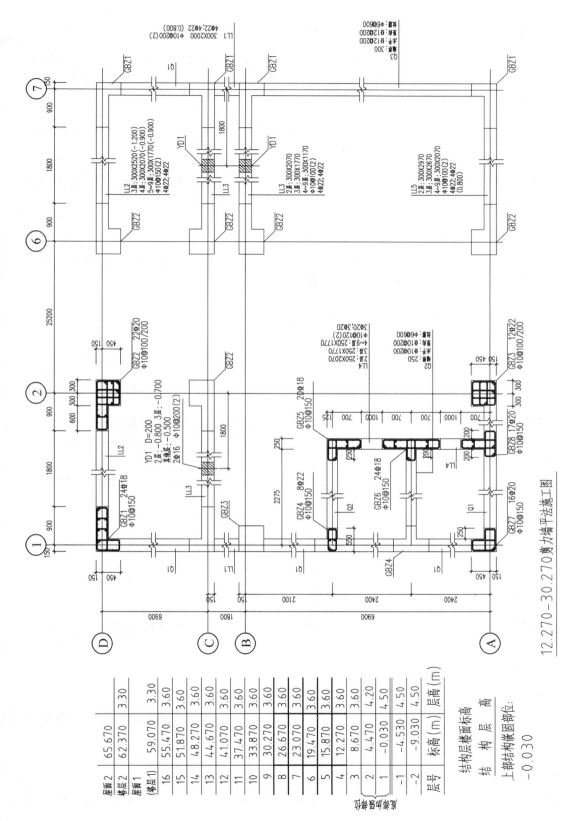

12.270～30.270 剪力墙平法施工图

图 7-19 剪力墙截面注写方式

（二）选用适当比例原位放大绘制剪力墙平面布置图

其中对墙柱绘制配筋截面图；对所有墙柱、墙身、墙梁分别按前述相应编号规定进行编号，并分别在相同编号的墙柱、墙身、墙梁中选择一根墙柱、一道墙身、一根墙梁进行注写，其注写方式按以下规定进行。

1. 从相同编号的墙柱中选择一个截面，注明几何尺寸，标注全部纵筋及箍筋的具体数值

注：约束边缘构件除需注明阴影部分具体尺寸外，尚需注明约束边缘构件沿墙肢长度 l_c，约束边缘翼墙中沿墙肢长度尺寸为 $2b_f$ 时可不注。

2. 从相同编号的墙身中选择一道墙身，按顺序引注的内容

墙身编号（应包括注写在括号内墙身所配置的水平与竖向分布钢筋的排数）、墙后尺寸，水平分布钢筋、竖向分布钢筋和拉筋的具体数值。

3. 从相同编号的墙梁中选择一根墙梁，按顺序引注的内容

（1）注写墙梁编号。
（2）墙梁截面尺寸 $b \times h$。
（3）墙梁箍筋、上部纵筋、下部纵筋。
（4）墙梁顶面标高高差的具体数值。

当墙身水平分布钢筋不能满足连梁、暗梁及边框梁的梁侧面纵向构造钢筋的要求时，应补充注明梁侧面的具体数值；注写时，以大写字母 N 打头，接续注写直径与间距。其在支座内的锚固要求砼连梁中受力筋。

【例】N⚇10@150，表示墙梁两侧面纵筋对称配置，强度级别为 HRB400，钢筋直径为 10，间距为 150。

7.3.3 剪力墙洞口的表示方法

（一）无论采用列表注写方式还是截面注写方式

剪力墙上的洞口均可在剪力墙平面布置图上原位表示（见图 7-9 及图 7-19）。

（二）洞口的具体表示方法

1. 在剪力墙平面布置图上绘制洞口示意，并标注洞口中心的平面定位尺寸。
2. 在洞口中心位置引注：洞口编号，洞口几何尺寸，洞口中心相对标高，洞口每边补强钢筋，共四项内容。具体规定如下：
（1）洞口编号：矩形洞口为 JDxx（xx 为序号），圆形洞口为 YDxx（xx 为序号）。
（2）洞口几何尺寸：矩形洞口为洞宽×洞高（$b \times h$），圆形洞口为洞口直径 D。
（3）洞口中心相对标高，系相对于结构层楼（地）面标高的洞口中心高度。当其高于结

构层楼面时为正值，低于结构层楼面时为负值。

（4）洞口每边补强钢筋，分为以下几种不同情况：

① 当矩形洞口的洞宽、洞高均不大于 800 时，此项注写为洞口每边补强钢筋的具体数值。当洞宽、洞高方向补强钢筋不一致时，分别注写洞宽方向、洞高方向补强钢筋，以"/"分隔。

【例】JD2　400×300　+3.100　3Φ14，表示 2 号矩形洞口，洞宽 400、洞高 300，洞口中心距本结构层楼面 3100，洞口每边补强钢筋为 3Φ14。

【例】JD3　400×300　+3.100，表示 3 号矩形洞口，洞宽 400，洞高 300，洞口中心距本结构层楼面 3100，洞口每边补强钢筋均按构造配置。

【例】JD4　800×300　+3.100　3Φ18/3Φ14，表示 4 号矩形洞口，洞宽 800、洞高 300，洞口中心距本结构层楼面 3100，洞宽方向补强钢筋为 3Φ18，洞高方向补强钢筋为 3Φ14。

JD2、JD3、JD4 三维示意图如下（图中 C 代表三级钢）：

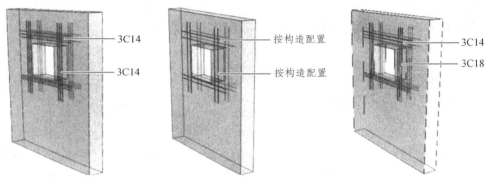

图 7-20　JD2、JD3、JD4 三维示意图

注：（图中 C 代表三级钢）

② 当矩形或圆形洞口的洞宽或直径大于 800 时，在洞口的上、下需设置补强暗梁，此项注写为洞口上、下每边暗梁的纵筋与箍筋的具体数值（在标准构造柱详图中，补强暗梁梁高一律定为 400，施工时按标准构造详图数值，设计不注。当设计者采用与该构造详图不同的做法时，应另行注明），圆形洞口时尚需注明环向加强钢筋的具体数值；当洞口上、下边为剪力墙连梁时，此项免注；洞口竖向两侧设置边缘构件时，亦不在此项表达（当洞口两侧不设置边缘构件时，设计者应给出具体做法）。

【例】JD5　1000×900　+1.400　6Φ20　Φ8@150，表示 5 号矩形洞口，洞宽 1000、洞高 900，洞口中心距本结构层楼面 1400，洞口上下设补强暗梁，每边暗梁纵筋为 6Φ20，箍筋 Φ8@150。

【例】YD5　1000　+1.800　6Φ20　Φ8@150　2Φ16，表示 5 号圆形洞口，直径 1000，洞口中心距本结构层楼面 1800，洞口上下设补强暗梁，每边暗梁纵筋为 6Φ20，箍筋 Φ8@150，环向加强钢筋 2Φ16。

③ 当圆形洞口设置在连梁中部 1/3 范围（且圆洞直径不应大于 1/3 梁高）时，需注写在圆洞上下水平设置的每边补强纵筋与箍筋。

④ 当圆形洞口设置在墙身或暗梁、边框位置，且洞口直径不大于 300 时，此项注写为洞口上下左右每边布置的补强纵筋具体数值。

⑤ 当圆形洞口直径大于 300，但不大于 800 时，此项注写为洞口上下左右每边布置的补

强纵筋的具体数值，以及环向加强钢筋的具体数值。

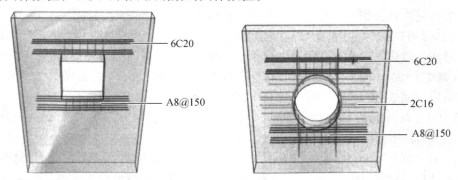

图 7-21　JD5、YD5 三维示意图（图中 A 代表一级钢，C 代表三级钢）

【例】YD5　600　+1.800　2Φ20　2Φ16，表示 5 号圆形洞口，直径 600，洞口中心距本结构层楼面 1800，洞口每边补强钢筋 2Φ20，环向加强钢筋 2Φ16。

7.4　剪力墙钢筋算量

剪力墙分为墙身、墙柱和墙梁三部分，下面分别讲解墙身钢筋、墙柱钢筋和墙梁钢筋的计算方法。计算依据为 16G101-1 剪力墙标准构造详图。

7.4.1　剪力墙墙身钢筋计算

如前所述，剪力墙墙身钢筋由水平分布筋、竖向分布筋和拉筋构成。由于剪力墙身钢筋计算受到诸多的因素的影响，如剪力墙的形状、配筋、剪力墙开洞、墙梁以及边缘构件的类型等，所以很难总结出适合所有情况的计算公式，下面仅仅以最基础的剪力墙形式为例，总结计算公式。在具体的计算中要从剪力墙的实际情况出发，修正计算公式。

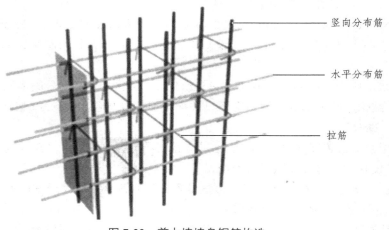

图 7-22　剪力墙墙身钢筋构造

从图 7-19 可以看出，剪力墙墙身钢筋构造类似于板钢筋，水平分布筋与竖向分布筋按一定间距形成网片。水平分布筋在端部锚入边缘构件，竖向分布筋下部锚入基础，上部锚入屋面板内。可安以下思路进行计算：

$$墙身钢筋总长=单根长度×根数 \tag{式7-1}$$

1. 剪力墙身水平分布钢筋计算

$$单根长度=净长+端部锚固 \tag{式7-2}$$

剪力墙墙身端部构造不一样，其端部锚固也不一样。剪力墙身水平分布钢筋构造分为一字形剪力墙水平分布钢筋构造、转角墙水平分布钢筋构造、带翼墙水平分布钢筋构造和带端柱剪力墙水平分布钢筋构造四种情况。

（1）一字形剪力墙水平钢筋构造及计算

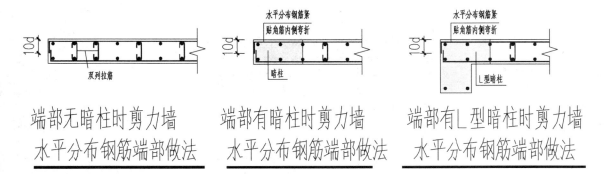

图 7-23　一字型剪力墙水平钢筋构造

从图 7-23 可以看出，端部无暗柱、端部有暗柱以及端部为 L 形暗柱时，水平钢筋都是在端部弯折 10d，故：

$$水平分布筋单根长度=剪力墙长度-2c+10d×2 \tag{式7-3}$$

例 7.4.1-1：某剪力墙结构工程部分墙体图如下，计算墙身水平分布筋长度。剪力墙保护层厚为 15，水平分布筋为 Φ8@200。

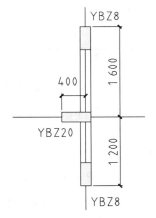

图 7-24　某剪力墙结构部分图纸 1

解：判断墙身两端均为暗柱，墙身水平筋伸至墙端弯折 10d，故：

水平筋长=1 200+1 600-2×15+10×8×2=2 930 mm

（2）转角墙水平分布钢筋构造及计算

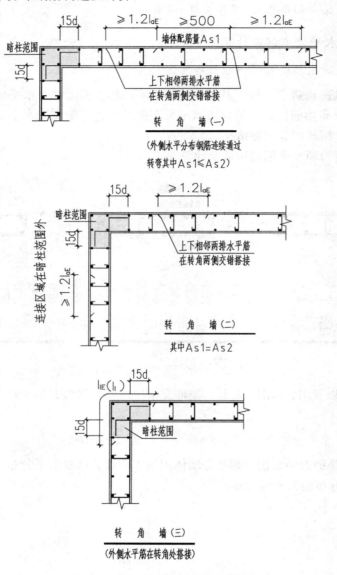

图 7-25　转角墙水平分布钢筋构造

从图 7-25 可以看出，转角墙内侧水平分布筋伸至对边竖向分布筋内侧弯折 15d，外侧水平分布筋可以连续通过（转角墙一、转角墙二），也可以在暗柱范围内搭接（转角墙三），即没边伸至对边弯折 0.8l_{aE}。计算式如下：

转角墙内侧水平分布筋长度=剪力墙长度-2c+15d×2　　　　　　（式 7-4）

转角墙外侧水平分布筋长度=剪力墙长度-2c+0.8l_{aE}×2　　　　　　（式 7-5）

说明：式（7-5）仅适用于剪力墙水平分布筋在转角暗柱内搭接的情况。外侧筋连续通过转角墙施工难度较大，一般不采用。

例 7.4.1-2：某剪力墙结构工程部分墙体图如下，计算图中 Q1 水平分布筋长度。剪力墙保护层厚为 15，水平分布筋为 $\Phi 8@200$，$l_{aE}=35d$。

解：从图中可以看出，Q1 是转角处为暗柱的转角墙，根据转角墙构造，可得：

内侧水平分布筋长度=2 600+2 500-2×15+15×8×2=5 310 mm

外侧水平分布筋长度=2 600+2 500-2×15+0.8×35×8×2=5 518 mm

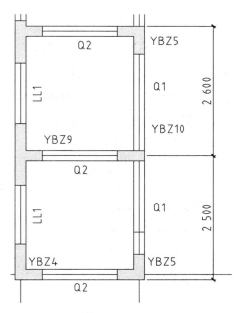

图 7-26　某剪力墙结构部分图纸 2

（3）带翼墙的剪力墙水平分布筋的构造及计算

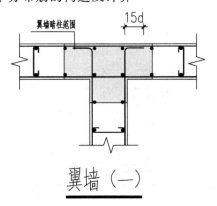

图 7-27　翼墙水平分布钢筋构造

从上图中可以看出，翼墙的水平分布筋构造方式为伸至对边弯折 15d，故：

带翼墙的剪力墙水平分布筋长度=剪力墙长度-2c+15d×2　　　　（式 7-6）

例 7.4.1-3：某剪力墙结构工程部分墙体图如下，计算图中 Q2 水平分布筋长度。剪力墙保护层厚为 15，水平分布筋为 $\Phi 8@200$。

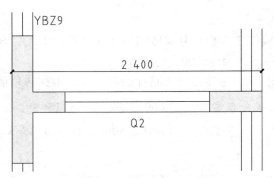

图 7-28　某剪力墙结构部分图纸 3

解：从图中可以看出，Q2 左端为翼墙，右端为暗柱，根据翼墙及暗柱构造，可得：

水平分布筋长度=2 400-2×15+15×8+10×8=2 570 mm

注：实际中剪力墙的两端往往不同，需要分别判断构造方式，确定计算方法。

（4）带端柱的剪力墙水平分布筋的构造及计算

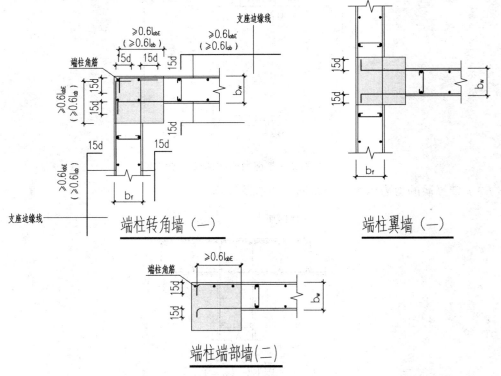

图 7-29　带端柱剪力墙水平分布钢筋构造

图集中对此种形式给出了很多种构造，主要为三类，一是端柱转角墙，二是端柱翼墙，三是端柱端部墙，各种构造水平分布筋的配置方式可统一总结为伸至对边弯折 15d，故：

带端柱的剪力墙水平分布筋长度

=剪力墙身长度+端柱尺寸×2-2c+15d×2　　　　　　　　（式 7-7）

注：位于端柱纵向钢筋内侧的墙水平分布钢筋（端柱节点中图示黑色墙体水平分布钢筋）

伸入端柱的长度≥l_{aE}时，可直锚。其他情况，剪力墙水平分布钢筋应伸至端柱对边紧贴角筋弯折。

例 7.4.1-4：某剪力墙结构工程部分墙体图如下，计算图中 Q1 水平分布筋长度。剪力墙保护层厚为 15，水平分布筋为 ⊈8@200。

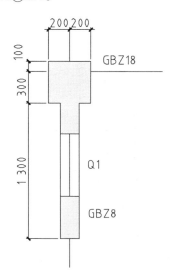

图 7-30　某剪力墙结构部分图纸 4

解：判断墙身一端为端柱，一端为暗柱，墙身遇端柱水平筋伸至对边弯折15d：

$$水平筋长=1\,300+400-2×15+15×8+10×8=2\,270\ mm$$

（5）剪力墙水平分布筋根数计算

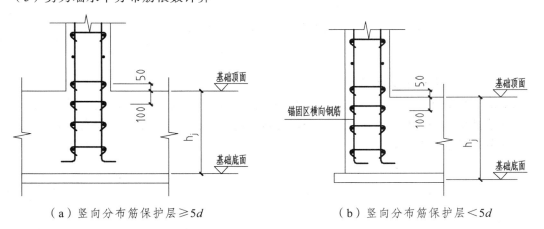

（a）竖向分布筋保护层≥5d　　　　　　　（b）竖向分布筋保护层＜5d

图 7-31　墙身钢筋在基础内构造

当墙插筋在基础内侧面保护层厚度≥5d时，如（a）图，基础内水平筋间距$s≤500$，且不少于2道，距基础顶距离为100，故：

$$基础范围内剪力墙水平分布筋根数=（h_j-c-2d-0.1）/500+1 \qquad （式7-8）$$

当墙插筋在基础内侧面保护层厚度＜5d时，如（b）图，需满足基础内水平筋间距$s≤100$，

且 $s \leq 10d$

$$基础范围内剪力墙水平分布筋根数 = (h_j - c - 2d - 100)/s + 1 \qquad (式7-9)$$

中间层及顶层水平分布筋分层布置，每层的墙身水平筋在楼板内连续布置，起步距离为50，故：

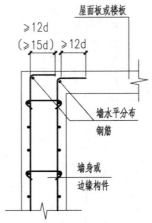

图 7-32　墙身钢筋在各楼层构造

$$中间各层以及顶层剪力墙水平分布筋根数 = (层高 - 50 \times 2)/s + 1 \qquad (式7-10)$$

例 7.4.1-5：例 7.4.1-4 中，Q2 为内墙，竖向分布筋保护层 $\geq 5d$，布置范围为基础层-顶层，顶层为第 10 层。基础为筏板基础，厚度为 600，-1 层层高为 4m，1-顶层层高为 3m。基础保护层厚度为 40，剪力墙保护层厚为 15，水平分布筋为 $\Phi 8@200$。计算图中 Q2 水平分布筋根数。

基础内根数 = 2 根

-1 层根数 = (4 000 - 50 × 2)/200 + 1 = 21 根

1-10 层根数 = (3 000 - 50 × 2)/200 + 1 = 16 根

剪力墙水平筋为 2 排，故总根数 = (2 + 21 + 16 × 10) × 2 = 366 根

2. 剪力墙身竖向分布筋计算

剪力墙竖向分布钢筋的计算与框架柱纵筋类似，需区分基础层、中间层、顶层分别计算：为了表述的方便，可以根据竖向分布筋连接点的位置，区分为低位筋和高位筋。

（1）基础插筋钢筋量计算

低位插筋长度
$$= 插筋锚固长度 + 基础插筋非连接区长度（+ 搭接长度 1.2L_{aE}） \qquad (式7-11)$$

高位插筋长度
$$= 插筋锚固长度 + 基础插筋非连接区长度 + 错开长度（+ 搭接长度 1.2L_{aE}）$$

$$(式7-10)$$

根据图 7-31 基础插筋锚固构造可知锚固长度计算方法：

当 $h_j > L_{aE}(L_a)$ 时，插筋基础内锚固长度 = $(h_j - c - 2d) + 6d$；

当 $h_j \leq L_{aE}(L_a)$ 时，插筋基础内锚固长度 = $(h_j - c - 2d) + 15d$。

注：c 为基础底层钢筋保护层厚度；d 为基础底层钢筋直径。

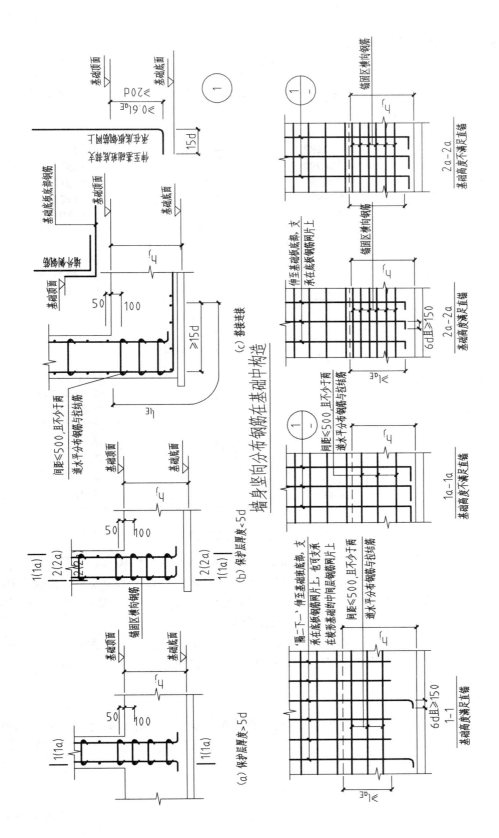

图 7-33 墙身竖向分布钢筋在基础中构造

（2）首层及中间层竖向分布筋计算

$$钢筋长度=本层层高-本层非连接区长度+$$

$$上层非连接区长度（+1.2L_{aE}） \qquad （式 7\text{-}13）$$

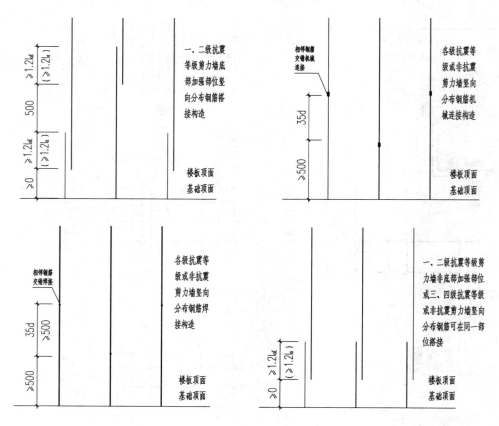

图 7-34　剪力墙竖向分布钢筋连接构造

根据剪力墙竖向分布钢筋连接构造示意图可知，非搭接区长度与连接方式有关：

当采用绑扎搭接时，一、二级抗震等级剪力墙底部加强部位，低位筋非连接区长度为 0，高位筋非连接区长度为（$1.2L_{aE}+0.5$）m；一、二级抗震等级剪力墙非底部加强部位或三、四级抗震等级非抗震剪力墙，高低位筋非连接区长度为 0；

当采用机械连接时，低位筋非连接区长度为 0.5 m，高位筋非连接区长度为（$35d+0.5$）m；

当采用焊接连接时，低位筋非连接区长度为 0.5 m，高位筋非连接区长度为[max（$35d$，0.5）+0.5]m。

（3）顶层纵筋计算

从剪力墙竖向钢筋顶部构造可以看出，竖向分布筋在楼板顶部弯折 $12d$，在边框梁顶部锚固 L_{aE}。故：

当顶层剪力墙无边框梁时：

$$顶层剪力墙竖向分布筋长度$$

$$=层高-保护层-当前层非连接区长度+12d \qquad （式 7\text{-}14）$$

当顶层剪力墙有边框梁时：

顶层剪力墙竖向分布筋长度

=层高-当前层非连接区段长度-边框梁高+L_{aE}　　　　　　　　　（式7-15）

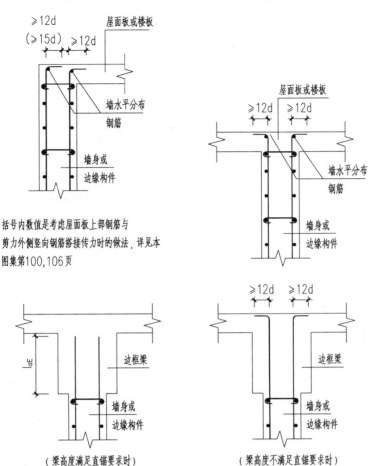

括号内数值是考虑屋面板上部钢筋与
剪力外侧竖向钢筋搭接传力时的做法，详见本
图集第100,106页

图 7-35　剪力墙竖向钢筋顶部构造

例 7.4.1-6：例 7.4.1-4 中，Q2 为内墙，布置范围为基础层-顶层，顶层为第 10 层。基础为无梁式筏板基础，厚度为 600，-1 层层高为 4m，1-顶层层高为 3m。基础保护层厚度为 40，剪力墙保护层厚为 15，竖向分布筋为 Φ8@200。$l_{aE}=35d$，绑扎搭接，基础内纵筋直径为 8。计算 Q2 竖向分布筋的长度。（顶层无边框梁）

解：h_j=600 > l_{aE}=35×8=280，故插筋基础内锚固长度=（600-40-2×8）+6×8=592 mm

基础插筋长度=592+1.2×35×8=928 mm

-1 层长度=4 000+1.2×35×8=4 336 mm

1-9 层长度=3 000+1.2×35×8=3 336 mm

顶层长度=3 000-15+12×8=3 081 mm

（4）竖向分布钢筋根数计算

墙身竖向筋在每段墙内布置时，第一根距离边缘构件一个竖向筋间距，即起步距离为间

距 s，故：

$$竖向筋根数＝（墙长-2\times s）/间距+1 \qquad （式7-16）$$

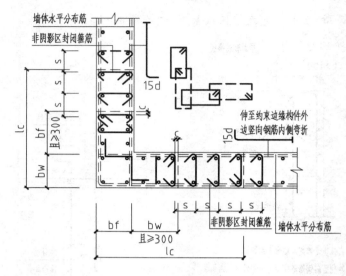

图 7-36　剪力墙竖向钢筋排布

7.4.2　剪力墙柱钢筋计算

1. 剪力墙边缘构件箍筋和拉筋计算

与框架柱箍筋计算类似，在此不再重复。

剪力墙边缘构件的箍筋和拉筋一般是没有加密区和非加密区的区别，在每层都是一种间距。

2. 剪力墙边缘构件纵筋计算

剪力墙端柱纵筋采用机械连接或焊接连接时，纵筋计算与剪力墙竖向分布钢筋计算完全相同；采用搭接连接时，非连接区长度与剪力墙竖向分布钢筋不同，其他相同。低位筋非连接区长度为 0.5m，高位筋非连接区长度为（$0.5+1.3L_{\mathrm{IE}}$）m。

7.4.3　剪力墙梁钢筋计算

剪力墙梁分为连梁、暗梁和边框梁三种。

1. 剪力墙连梁钢筋纵筋计算

剪力墙连梁钢筋分为上下部纵筋、侧面构造筋、箍筋和拉筋。

（1）连梁上下部纵筋计算

① 单洞口连梁

$$上下部纵筋长度＝连梁长度+左锚固长度+右锚固长度 \qquad （式7-17）$$

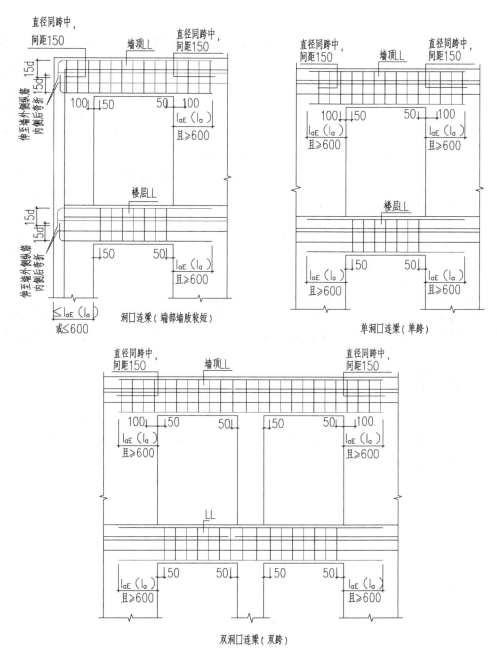

图 7-37 连梁配筋构造

② 双洞口连梁

上下部纵筋长度

=连梁长度+洞间墙长度+左锚固长度+右锚固长度 （式 7-18）

说明：连梁纵筋锚固有直锚和弯锚两种情况，直锚长度=max（L_{aE}，600mm）；弯锚长度=端部墙肢长度+15d。

a. 连梁侧面构造筋计算

一般连梁侧面构造筋是利用剪力墙身的水平分布筋，所以连梁侧面构造筋放在剪力墙身水平分布筋中计算。

b. 连梁箍筋和拉筋计算

$$箍筋长度=连梁截面周长-保护层\times8+23.8d \qquad （式7-19）$$

$$中间层连梁箍筋根数=（连梁长度-0.05\times2）/间距+1 \qquad （式7-20）$$

$$顶层连梁箍筋根数=（连梁长度-0.05\times2）/间距+$$
$$2\times[max（L_{aE}，0.6）-0.1]/间距+1 \qquad （式7-21）$$

2. 剪力墙暗梁钢筋计算

剪力墙暗梁钢筋计算与连梁完全相同。

3. 剪力墙边框梁钢筋计算

剪力墙边框梁计算与框架梁完全相同。

剪力墙钢筋计算比较复杂，本章只讲解了一般的计算原理，实际工作中需根据结构施工图，结合16G101-1及16G101-3中相关构造详图进行计算，也可借助钢筋算量软件计算。

【课堂实训】

某住宅楼工程为剪力墙结构，其平法施工图见图7-1，三维模型见图7-2，钢筋骨架见图7-3。未标明的混凝土强度均为C30，墙、板保护层均为20，基础厚1 000，基础保护层40。试计算Q1钢筋工程量。

参考文献

[1] 中华人民共和国国家标准. GB 50010—2010 混凝土结构设计规范（2015 修订版）. 北京：中国建筑工业出版社，2015.

[2] 国家建筑标准设计图集. 16G101—1 混凝土结构施工图平面整体表示方法制图规则和构造详图（现浇混凝土框架、剪力墙、梁、板）. 北京：中国计划出版社，2016.

[3] 国家建筑标准设计图集. 16G101—2 混凝土结构施工图平面整体表示方法制图规则和构造详图（现浇混凝土板式楼梯）. 北京：中国计划出版社，2016.

[4] 国家建筑标准设计图集. 16G101—3 混凝土结构施工图平面整体表示方法制图规则和构造详图（独立基础、条形基础、筏形基础、桩基础）. 北京：中国计划出版社，2016.

[5] 赵治超. 11G101 平法识图与钢筋算量. 北京：北京理工大学出版社，2014.

[6] 傅华夏. 建筑三维平法结构识图教程. 北京：北京大学出版社，2016.